生态城乡与绿色建筑研究丛书
"十二五"国家科技支撑计划（2012BAJ06B04）
李保峰　主编
陈宏　副主编／刘小虎　执行主编

Daylighting Environment Optimal Design
for Indoor Shopping Street

室内购物街天然光环境优化设计研究

李新欣　金　虹　著

华中科技大学出版社
http://www.hustp.com
中国·武汉

图书在版编目(CIP)数据

室内购物街天然光环境优化设计研究/李新欣,金虹著. —武汉:华中科技大学出版社,2021.11

(生态城乡与绿色建筑研究丛书)

ISBN 978-7-5680-7014-0

Ⅰ.①室… Ⅱ.①李… ②金… Ⅲ.①商场-建筑光学-日光-最优设计-研究 Ⅳ.①TU113.3

中国版本图书馆 CIP 数据核字(2021)第 221354 号

室内购物街天然光环境优化设计研究　　　　　　　　　李新欣　金　虹　著
Shinei Gouwujie Tianranguang Huanjing Youhua Sheji Yanjiu

策划编辑:易彩萍
责任编辑:易彩萍
封面设计:王　娜
责任监印:朱　玢

出版发行:华中科技大学出版社(中国·武汉)　　电话:(027)81321913
　　　　　武汉市东湖新技术开发区华工科技园　　邮编:430223
录　　排:华中科技大学惠友文印中心
印　　刷:湖北金港彩印有限公司
开　　本:710mm×1000mm　1/16
印　　张:10
字　　数:152 千字
版　　次:2021 年 11 月第 1 版第 1 次印刷
定　　价:88.00 元

本书若有印装质量问题,请向出版社营销中心调换
全国免费服务热线:400-6679-118　竭诚为您服务
版权所有　侵权必究

前　　言

　　商业建筑在20世纪末已成为除居住建筑以外最引人注目、对城市活力和景观影响最大的建筑类型。近年来，在我国大中城市，大型商业建筑的建设量逐渐增大，以北京和上海表现尤为突出，随着商业建筑使用需求的不断增加和设计理念的不断转变，对设计和经营都提出了新的挑战，高舒适度的购物环境体验业已成为商业建筑的重要价值体现。光作为物理环境因素之一，所形成的光环境是建筑环境的一个组成部分。随着商业建筑室内空间品质的提升，人们对光的要求也在不断提高，在满足空间功能性要求的基础上，满足人们心理要求业已成为商业建筑光环境设计的重要一环。如何营造良好的光环境？如何得到有利于身心健康的光环境？这些问题日益被人们所重视。

　　在室内购物街中引入天然光，不仅能够为消费者提供自然、健康、富于动态变化的空间光环境，而且在体现空间特色和照明能耗节约方面也具有重要意义。然而，影响室内购物街天然光环境性能表现的因素众多，既涉及采光口和空间形态对光线的引导和限定作用，以及其视觉表达形式对消费者心理感知的影响作用，又涉及天然光引入所带来的采光节能效果。此外，天然光环境与整体空间环境要素的交互作用也是影响其性能发挥的一个重要方面。以上影响因素的多样性决定了天然光环境设计是一项较为复杂的任务。

　　课题组旨在根据室内购物街天然光环境性能影响因素的所占权重，筛选出最为关键的影响因素，通过光环境物理指标对影响因素评价的适宜性分析，确定相应的评价指标。在此基础上，针对空间形态及主观评价与指标之间的影响关系展开研究，进而建立多目标优化设计方法，以提升室内购物街的天然光环境性能。

全书共分为五章：第一章综合性能评价体系，包括影响因素调查、层级结构构建、指标权重确定；第二章关键因素评价指标，包括指标确定原则、光线分布水平评价指标、有效采光范围评价指标；第三章基于视觉舒适性的光环境性能评价，包括调研地点、主观问卷调查、场景亮度测试、主客观关系分析；第四章基于天然光可用性的采光自治模拟，包括室内购物街采光空间调查、模拟方法及参数设定、特征值位置及模拟区域；第五章多目标性能优化，包括优化设计目标及算法选择、基于粒子群算法的计算流程、优化计算模型构建及其应用。

本书在写作过程中得到了多方人士的支持，感谢康健老师给予的指导，感谢参与调研和研究的哈尔滨工业大学建筑学院赵巍、吴鹄鹏、刘哲铭、易法殊、黄策、刘小妹、赵学成、张仁龙、单琪雅、方金、刘思琪等。调研过程中也受到课题组合作单位上海维固工程实业有限公司、南京工业大学、河北工业大学的帮助和支持，在此表示衷心的感谢。

由于作者水平有限，书中难免存在不足之处，敬请批评指正。

笔　者

2021 年 11 月

目　　录

第一章　综合性能评价体系 ································ (1)
 第一节　影响因素调查 ·································· (1)
 第二节　层级结构构建 ·································· (14)
 第三节　指标权重确定 ·································· (16)

第二章　关键因素评价指标 ································ (20)
 第一节　指标确定原则 ·································· (20)
 第二节　光线分布水平评价指标——场景亮度 ············· (21)
 第三节　有效采光范围评价指标——采光自治 ············· (30)

第三章　基于视觉舒适性的光环境性能评价 ·················· (39)
 第一节　调研地点 ······································ (39)
 第二节　主观问卷调查 ·································· (42)
 第三节　场景亮度测试 ·································· (46)
 第四节　主客观关系分析 ································ (57)

第四章　基于天然光可用性的采光自治模拟 ·················· (65)
 第一节　室内购物街采光空间调查 ························ (65)
 第二节　模拟方法及参数设定 ···························· (77)
 第三节　特征值位置及模拟区域 ·························· (81)

第五章　多目标性能优化 ·································· (86)
 第一节　优化设计目标及算法选择 ························ (86)
 第二节　基于粒子群算法的计算流程 ······················ (91)
 第三节　优化计算模型构建及其应用 ····················· (106)

1

附录 A 大型商场建筑主观调查问卷 …………………………… （118）
附录 B 室内购物街天然光环境性能影响因素权重专家调查问卷 … （126）
附录 C 典型采光空间建模代码 …………………………………… （129）
附录 D 粒子群优化算法代码 ……………………………………… （143）
参考文献 ………………………………………………………………… （146）

第一章 综合性能评价体系

室内购物街天然光环境设计既要满足使用上的功能性要求,又要综合考虑协调性、舒适性、生态性等多方面的价值体现。在室内购物街中引入天然光,能够增强消费者和工作人员的幸福感[1,2],提高商场销售额[3],起到增加空间可辨别性和丰富性的作用[4,5],也能够起到降低照明能耗的作用。为了提升室内购物街的天然光环境品质,须明确其影响因素及作用程度。

第一节 影响因素调查

整合性思想引领建筑设计未来发展的主要走向[6]。人类对光的需求集中在视觉、情感、生物三个领域,人工照明的发展又催生出了第四需求——节能[7]。受到设计条件、视觉感受、整体环境性能等多方面的影响,室内天然光环境性能表现较为复杂。本节以提高大型商业建筑光环境舒适度为目标,对既有大型商业建筑光环境进行综合调查,分析光环境的主观需求及发展趋势,根据天然光环境性能的作用形式,从直接和间接两个方面探索其影响因素。

(1)基于使用者主观调查、相关标准要求及现阶段有关研究成果,综合考虑天然光环境设计的使用性能、视觉舒适性能、经济性能、生态价值等方面的要求,从界面特性、空间特性和照明替代三个角度,对室内购物街天然光环境性能的直接影响因素进行筛选,提出采光口设计形式、光环境分布特征和天然光节能效果三个一级子目标层。

（2）从整体空间环境构成要素之间交互作用的角度，对室内购物街天然光环境性能的间接影响因素进行筛选，从整体协调的角度，提出其他空间环境要素这个一级子目标层。天然光环境性能影响因素的具体分析视角如图1-1所示。

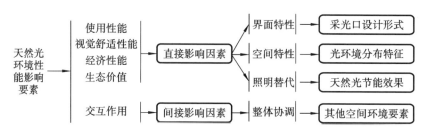

图 1-1　天然光环境性能影响因素的具体分析视角

一、直接影响因素

通过主观问卷、文献资料和实地调查，确定室内购物街天然光环境性能直接影响因素的二级子目标，包括采光口设计形式、光环境分布特征以及天然光节能效果。

（一）采光口设计形式

采光口设计形式是衡量天然光环境设计视觉性能表现的重要方面，不仅会影响使用者的直接视觉感受，而且会对空间氛围产生影响。

采光口设计感是体现室内购物街空间特质的一个重要方面。界面设计形式精细化程度越高，设计层次越丰富，视觉冲击力越强，更有利于吸引人群和消费者长时间停留。如图1-2所示项目，从左至右分别采取了常规设计、多层次设计，以及与艺术结合的多层次设计三种模式，采光口设计感的逐渐加强，有助于提升顾客和工作人员的幸福感。

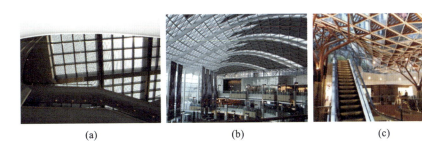

图 1-2 采光界面设计

(a)常规设计;(b)多层次设计;(c)与艺术结合的多层次设计

有研究结果表明,采光面积会对使用者的视觉舒适度产生影响。窗户面积与舒适度、满意度的相关性最大,窗户的形状即窗高与窗宽的比值对舒适度和满意度的相关性最小[8]。增加采光口宽度、高度或降低窗台高度,提高窗墙比对视觉舒适度具有提升作用,当窗墙比达到 0.55 时,对视觉舒适度的提升作用则趋于平缓[9]。

通过对消费者所喜欢的采光方式进行问卷调查发现,使用者对采光方式的偏好表现并不一致,结果如表 1-1 所示。使用者对室内购物街采光口的常规设计方法表现出偏好,喜欢采光屋面的人数最多,占比达到 36.0%,超过了调研人数的 1/3;其次是玻璃幕墙,占比为 27.6%;选择天窗和高侧窗的人数占比分别为 20.6%、20.3%,也达到了调研人数的 1/5;选择低侧窗和中侧窗的人数占比较低,均未达到 5.0%。被选择最多的两种方式能够争取较大面积的自然光,有利于在大进深建筑中引入天然光,进而对空间视觉和耗能情况产生影响,同时又能够兼顾店铺面积最大化的要求,是目前商场天然光设计所采用的主要模式。

表 1-1 更加喜欢的天然采光方式调查结果

采光方式	采光屋面	玻璃幕墙	天窗	高侧窗	低侧窗	中侧窗	无所谓
响应/N	103	79	59	58	13	12	43
百分比/(%)	28.1	21.5	16.1	15.8	3.5	3.3	11.7
个案百分比/(%)	36.0	27.6	20.6	20.3	4.5	4.2	15.0

在现场调查中发现,采光口边缘的过渡设计会对室内购物街的光环境体验产生一定影响。室内购物街采光中庭与侧廊之间的光线对比过于强烈时,会导致视线在较亮区域产生阻断,形成一种视觉干扰,影响视觉可达性,沉浸感有所降低,如图1-3(a)所示。图1-3(b)的光线过渡较为自然,使整体场景中的视线可达性和沉浸感较好。

(a)   (b)

图 1-3 采光中庭与侧廊光线过渡的实景图
(a) 光线过渡对比强烈;(b) 光线自然过渡

天然光光源方向不仅会影响光线强度,而且室外景观的引入也会对消费者的视觉心理产生影响。根据实地调查结果可知,采光口的不同朝向会对光线强度产生较大影响,如图1-4、图1-5所示。混合采光的中庭,即既包括顶部采光又包括侧面采光的中庭,其照度水平远高于仅顶部采光的中庭。另外,顶部采光和侧面采光为消费者所带来的视觉内容存在较大差异,侧面采光在室外景观引入方面更具优势。

综合以上调查结果,总结归纳采光口设计形式的具体影响要素,包括采光口设计感、采光口面积、采光方式、采光口边缘过渡设计和光源方向等。针对以上设计要素的重要性展开主观调查,采用多重响应分析对调查结果进行统计分析,分析结果如表1-2所示。其中,采光口设计感起主导作用,被选择占比达31.9%;采光口面积和采光方式较为重要,被选择占比分别为25.0%和23.5%;采光口边缘过渡设计有一定影响,被选择占比为13.6%;光源方向重要程度偏低,仅占6.0%。

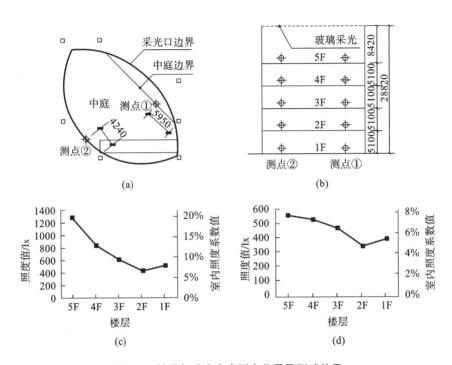

图 1-4 某顶部采光中庭测点位置及测试结果

(a) 测点平面位置；(b) 测点剖面位置；(c) 测点 1 测试结果；(d) 测点 2 测试结果

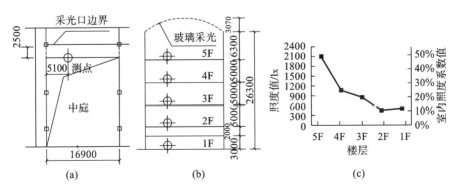

图 1-5 某混合采光中庭不同高度的测点位置及测试结果

(a) 测点平面位置；(b) 测点剖面位置；(c) 测试结果

表 1-2 影响视觉舒适性的设计因素重要性分析

设计因素	采光口设计感	采光口面积	采光方式	采光口边缘过渡设计	光源方向
响应/N	42	33	31	18	8
百分比/(%)	31.9	25.0	23.5	13.6	6.0
个案百分比/(%)	73.7	57.9	54.4	31.6	14.0

根据采光口设计形式影响要素的重要性调查分析结果,选择对视觉舒适性影响较大的设计因素"采光口设计感""采光口面积""采光方式""采光口边缘过渡设计"作为采光口设计评价的影响因素。

(二)光环境分布特征

光环境分布特征是衡量其使用性能和舒适性能表现的重要方面,也是建筑光学研究历史较长且较为成熟的一部分。

商业建筑体量较大,有效采光范围会受到一定的限制,但保障区域天然采光的有效性是充分发挥天然光作用的前提。为了保证室内空间天然采光的有效性,多项标准都对此进行了规定。《商店建筑设计规范》(JGJ 48—2014)6.1.1 中提到,商店建筑应利用自然通风和天然采光[10]。《绿色商店建筑评价标准》(GB/T 51100—2015)中对有效采光范围评价指标进行了规定,条文 8.2.5 中对入口大厅、中庭等大空间利用平均采光系数不小于 2%进行评价,地下空间以平均采光系数不小于 0.5%进行评价[11]。目前,在实施应用领域,标准规定多是利用静态采光指标对有效采光范围进行评价,在研究领域和国外部分标准中,已逐渐向动态采光指标方向发展。综上分析可知,确定有效采光范围是反映空间天然光数量的一个重要方面,因此,将"有效采光范围"作为评价采光数量的影响因素之一。

为了了解采光空间天然光线水平对光环境满意度的影响程度,选择空间形式相同、光环境不同的三种典型条件(无天然采光层、有天然采光层全云天、有天然采光层晴天）下的主观满意度进行对比研究，评价量表为1～5，结果如图1-6所示。在有天然采光层的空间中，晴天满意度平均值为4.18分，全云天满意度平均值为3.87分，而在无天然采光层情况下，满意度平均值为3.53分。从调查结果中可以看出，引入天然光能够提高光环境的满意度，增加天然光线的贡献值也可提高光环境满意度。综上所述，天然光的光线分布水平会对主观满意度产生影响，因此，将"光线分布水平"这一评价空间采光数量的指标作为影响因素之一。

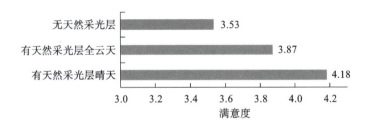

图1-6 不同采光条件下的光环境满意度调查

针对光环境质量对消费者的选择行为的影响关系进行调查，结果显示，认为光环境质量会对其所选择的购物地点产生影响的人数占49.67％，选择"不一定"的人数占21.19％，选择"无影响"的人数占29.14％，可见，光环境质量对消费者选择行为具有较大的影响作用。"光环境质量与商场消费水平关系"调查统计结果如图1-7所示，大多数受访者认为有关系，所占比例达到46.39％，选择"几乎没关系"和"不相关"的人数总计仅占17.47％。可见，光环境质量与商场消费水平关系密切。因此，需对室内购物街光坏境质量进行控制以增加商业建筑的吸引力。

对于认为光环境质量与消费水平有关的受访者做进一步调查，选择"消费水平高的商场光环境"特点，结果如图1-8所示。消费者认为消费水平高的商场光环境主要特征依次为光线均匀—光线柔和—天然采光多—比较亮。"光线均匀"和"光线柔和"对光环境质量评价的影响最大，被选择次数

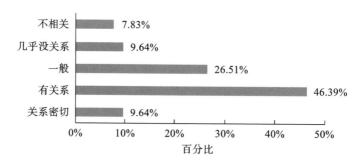

图 1-7 光环境质量与商场消费水平关系

综合占比达到 59.0%。"天然采光多"被选择的比例达 25.0%,进一步证明了增加采光可提升环境品质,可通过本节前文所得影响因素"有效采光范围"和"光线分布水平"进行衡量。"比较亮"被选择比例为 10.7%,亦可通过"光线分布水平"进行衡量。综上所述,增加天然光线的均匀性和柔和性作为天然光环境分布特征的衡量因素。

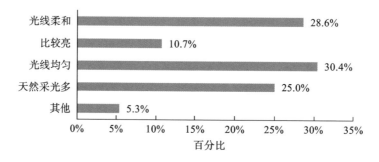

图 1-8 消费水平高的商场光环境特点

综合以上调查结果,选择"有效采光范围""光线分布水平""天然光线的均匀性"和"天然光线的柔和性"作为评价天然光环境分布特征的影响因素。

(三)天然光节能效果

天然光节能效果是衡量其设计生态价值和经济性能表现的重要方面。

针对已获得绿色建筑认证的部分商业建筑项目的光环境设计技术进行统计,结果如表1-3所示,所采用主要技术手段包括天然光利用、高效光源和照明智能控制三个方面,也是《绿色商店建筑评价标准》(GB/T 51100—2015)中针对天然光环境设计和照明节能设计评价的主要内容[11]。

表1-3 绿色商业建筑光环境设计技术统计表

项目	认证奖项	采用技术	
北京颐堤港	LEED金奖前期认证	天然光利用	高跨度弧形玻璃穹顶,屋面与玻璃幕墙连通;日间除商铺需人工照明外,其余位置不需要人工照明;采用减少热损耗并强化隔热功能的低辐射及保温玻璃
		高效光源	高效T5节能灯管
北京侨福芳草地	LEED铂金级认证	天然光利用	顶部采用ETFE(乙烯-四氟乙烯共聚物)膜材料组成的节能环保罩,透光率达95%,结合通透的玻璃幕墙,保证建筑物天然采光效果并将人工照明需求降至最低,照明设计节省50%
上海环贸广场	LEED-CI金级	天然光利用	以六层挑空的采光幕墙获取天然光线
莆田万达广场批发零售中心	一星级设计、二星级运营	天然光利用	步行街采用玻璃顶,约85%的空间采光系数大于1.1%
		照明智能控制	按空间功能、使用条件、采光情况采用分区、分组控制,根据空间采光效果采取自动调光或降低照度的控制措施
		高效光源	选三基色高效荧光灯具,单灯功率因数达0.9以上

续表

项目	认证奖项	采用技术	
江阴万达广场大商业	一星级设计、一星级运营	天然光利用	室内购物街屋顶部分采用玻璃天窗形式,约有89%的空间采光系数大于1.1%
		照明智能控制	结合空间功能和采光效果,采取分区、分组、集中和分散等控制措施;灯具配套的镇流器选用电子镇流器或者节能型电感镇流器
		高效光源	灯具采用T5细管荧光灯;地下汽车库均采用LED灯具;走廊、楼梯间、门厅等采用紧凑型荧光灯
长白山商业中心	一星级设计	天然光利用	步行街部分采用玻璃天窗设计,部分设计通高的中庭,采用塑钢中空玻璃(10+12+10),对室内的天然采光起到改善作用
		高效光源	照明功率密度值(LPD)按现行值设计;一般场所采用节能型光源及节能型电感镇流器;应急照明采用就地设双控节能自熄开关控制,应急时自动点亮

天然光利用效果衡量在"光环境分布特征"部分已进行讨论。高效光源主要针对人工照明设计,不属于本书的主要讨论范畴。基于天然光的人工照明控制设计是体现天然光节能效果、实现绿色照明的一个重要方面,针对此方面的研究工作较多。严永红(1999)通过对不同类型中庭的采光效果和照明投资方案的对比研究,得出了中庭照明方案经济性的影响因素及影响程度[12]。英国一项采光和照明控制的节能研究表明,当工作照度为500 lx,采光系数为3%,年工作时间为2 500 h时,用开关控制可节能40%,调光控制可再节能30%[13]。20世纪70年代,Hunt在英国的研究及Reinhart在德国所做的研究表明,在照度水平低于100 lx的地方打开电子照明的概率约

为 35%;达到 200 lx 时,概率降低到 15%;达到 500 lx 时,概率几乎降低到 0[14]。因此,基于天然光效果,采取合理的人工照明设计可以实现良好的节能效益。

我国《绿色建筑评价标准》(GB/T 50378—2019)和《绿色商店建筑评价标准》(GB/T 51100—2015)提倡利用设计手法或技术手段改善建筑地下空间和大进深的地上室内空间天然采光效果[11,15]。对于商业建筑这类地下空间开发利用程度较高的建筑类型,光导照明系统的应用在替代人工照明、实现照明节能方面具有极大的潜力,而且具有较强的可操作性。南京某一商业建筑的绿色化改造设计项目通过在入口广场地面设置光导管,为地下层的购物街和地下车库引入光导照明系统,如图 1-9 所示。项目所采用的导光管直径为 600 mm,光导照明系统可以完全取代白天的电力照明,至少可提供 10 h 的自然光照明,并且在节能的同时不会带来热负荷效应。由于商业建筑通常设有较大的入口广场空间,而且地下空间开发利用强度较高,在光导照明系统应用方面具有较强的可操作性。因此,商业建筑中是否利用光导照明系统是衡量其天然光节能效果的一个必要方面。

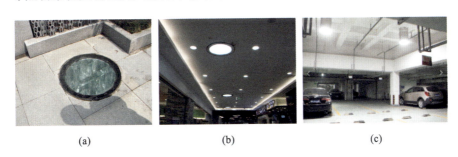

图 1-9 光导照明系统应用

(a) 采光罩(地面);(b) 漫射器(地下层走廊);(c) 漫射器(地下车库)

综合以上分析,确定天然光节能效果的主要影响因素为"基于天然光的人工照明配置设计"和"光导照明系统应用"。

二、间接影响因素

室内购物街空间环境是由诸多要素构成的复杂集合体,各要素共同作用,对使用者的心理行为产生影响。已有学者针对室内空间环境要素之间的交互作用效果展开研究[16]。为了掌握光环境性能受其他空间环境要素的影响作用及作用程度,笔者对室内购物街空间各构成要素的主观满意度评价结果进行了相关分析。

相关分析是研究两个或两个以上变量之间的相关程度大小,并用一定函数来表达现象之间相互关系的统计研究方法。对室内购物街空间环境要素主观满意度之间的相关分析,不仅有利于明确各分项要素的主观满意度对总体满意度的影响,而且有利于分析分项指标之间的相关关系,对综合衡量单一指标变化对整体空间环境的附加作用和掌握单一要素发生变化对其他要素的影响情况具有一定的实用意义。

进行主观满意度评价调查的选项包括整体空间环境、空间形态、光环境、声环境、室内装饰和热环境,评价分级为5级(1—很不满意;2—不满意;3—一般;4—满意;5—很满意),相关分析矩阵如表1-4所示。

表1-4 空间环境指标满意度相关性分析

指标		整体空间环境	空间形态	光环境	声环境	室内装饰
空间形态	相关系数	0.338**	—	—	—	—
	显著性	0.000	—	—	—	—
光环境	相关系数	0.244**	0.234**	—	—	—
	显著性	0.000	0.000	—	—	—
声环境	相关系数	0.353**	0.254**	0.131	—	—
	显著性	0.000	0.000	0.026*	—	—
室内装饰	相关系数	0.231**	0.324**	0.234**	0.496**	—
	显著性	0.000	0.000	0.000	0.000	—

续表

指标		整体空间环境	空间形态	光环境	声环境	室内装饰
热环境	相关系数	0.270**	0.247**	0.193**	0.282**	0.253**
	显著性	0.000	0.000	0.001	0.000	0.000

注：** 指 $p<0.01$，* 指 $p<0.05$。

首先，根据显著性检验指标之间是否存在相关关系。根据结果可知，任意两个指标之间均通过显著性检验，均存在显著关系。仅光环境与声环境评价在 0.05 水平上显著相关，其余均在 0.01 水平上显著相关，有非常显著的统计学意义。

其次，根据相关系数判断指标之间的影响程度。当一个变量增大（或减小），另一个变量也随之增大（或减小），这种现象为共变或相关。两个变量有共变现象，称为相关关系。相关系数 R 能够更加准确地描述变量之间的线性相关程度，相关系数分析结果均为正数，因此指标评价之间均为正相关关系。相关系数 R 越接近1，表明两变量相关程度越高，关系越密切。两变量间相关程度可按 $|R|$ 进行判断，分级标准如下[17]。

①当 $|R| \geqslant 0.9$ 时，极高相关。

②当 $0.7 \leqslant |R| < 0.9$ 时，高度相关。

③当 $0.4 \leqslant |R| < 0.7$ 时，中度相关。

④当 $0.2 \leqslant |R| < 0.4$ 时，低度相关。

⑤当 $|R| < 0.2$ 时，极低相关。

根据相关分析结果，相关系数大于 0.3 的指标分组包括整体空间环境与空间形态、整体空间环境与声环境、室内装饰与空间形态、声环境与室内装饰。小于 0.2 的指标分组包括光环境与声环境、光环境与热环境。其余分组均在 0.2~0.3。

光环境与其他指标的相关程度分为两级，与整体空间环境、空间形态和室内装饰属于低度相关，则说明以上要素对光环境满意度有一定的影响作用；与声环境和热环境属于极低相关，则说明以上要素对光环境满意度影响作用极低。通过相关系数判断，与光环境满意度评价相关程度由高到低的指标依次为整体空间环境—空间形态—室内装饰—热环境—声环境。综上分析，将其他相关空间环境要素作为光环境性能的影响因素。

第二节　层级结构构建

基于天然光环境性能影响因素，本节将采用层次分析法，结合专家调查问卷，构建影响因素层级结构，得出各影响因素所占权重，为后文的关键因素提取和综合性能优化提供研究基础。

层次分析法是根据问题的性质和要达到的总目标，将问题分解为不同的组成因素，并按照因素间的相互关联影响及隶属关系将因素按不同层次聚集组合，形成一个多层次的分级结构模型，从而最终使问题归结为最底层（供决策的方案、措施等）相对于最高层（总目标）的相对重要权值的确定或相对优劣次序的排定[18]。

层次分析法的功能能够使复杂的问题分解成各个组成要素，再将这些要素依关系分组形成简明的层级结构系统。体系的层次结构是对各指标之间隶属关系的描述。首先确定研究的总目标，根据对系统的分析，再将总目标分解为若干较具体的子目标，在子目标下再建立更加具体的指标，构成一个完整的、有机的层次结构[19]。

根据实地调查和文献调查分析结果，从系统分析的观点，利用层次分析法对不同的层面进行层级分解，建立室内购物街天然光环境性能影响因素的结构体系，如图 1-10 所示。

1. 总目标层

总目标层为室内购物街天然光环境性能的影响因素，对应编码为 A。

2. 一级子目标层

一级子目标层是室内购物街天然光环境性能影响因素的几个方面,其中,直接影响因素包括采光口设计形式、光环境分布特征和天然光节能效果,对应编码分别为 B_1、B_2、B_3;间接影响因素为其他空间环境要素,对应编码为 B_4。

3. 二级子目标层

二级子目标层是室内购物街天然光环境性能影响因素层级结构的最底层,共14项,为具体评价目标。二级子目标按其所属一级子目标编码进行降级编码,例如,一级子目标采光口设计形式编码为 B_1,与其对应的采光口设计感、采光口面积、采光方式和采光口边缘过渡设计对应编码分别为 B_{1-1}、B_{1-2}、B_{1-3} 和 B_{1-4}。

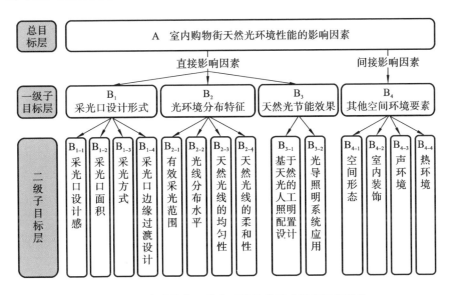

图 1-10　室内购物街天然光环境性能影响因素层级结构

第三节　指标权重确定

在多属性决策中,各属性的相对重要程度即属性的权重对评价结果有重要的影响,合理地确定权重是多属性决策的一个核心问题[20]。建立评价目标树可将总体目标具体化,使之便于定性或定量评价,并且各目标的重要程度可分别赋给重要性系数,即加权系数或权重,也就是反映评价目标的重要程度的量化系数。加权系数越大,重要程度越高。

按照原始数据来源,权重的确定方法基本上可分为两类,包括主观赋权法和客观赋权法[21]。本书利用主观赋权法中的层次分析法,根据专家评价结果判断不同属性的重要程度。通过评价目标的重要程度对两两指标加以比较,并进行赋分,将分值列入表中,根据矩阵计算出各项加权系数[22]。通过体系目标权重,不仅能够用于估算室内购物街天然光环境综合性能,而且根据各目标权重的重要性排序,可为相关决策提供合理的依据。

首先,根据所选指标建立层级结构,构建判断矩阵,将同一层级中各要素相对于上一层级的一级指标而言进行两两比较,对每一层中各因素相对重要性给出一定的判断,从而形成判断矩阵,用数字1~9及其倒数作为标度,具体标度及含义如表1-5所示[23]。

表 1-5　两两指标相对重要性标度及含义

标度	含义	标度	含义
1	B_i 跟 B_j 比较,重要性相同	1/3	B_i 跟 B_j 比较,后者稍微重要
3	B_i 跟 B_j 比较,前者稍微重要	1/5	B_i 跟 B_j 比较,后者明显重要
5	B_i 跟 B_j 比较,前者明显重要	1/7	B_i 跟 B_j 比较,后者强烈重要
7	B_i 跟 B_j 比较,前者强烈重要	1/9	B_i 跟 B_j 比较,后者绝对重要
9	B_i 跟 B_j 比较,前者绝对重要	1/2、1/4、1/6、1/8	相邻标度之间折中的标度
2、4、6、8	相邻标度之间折中的标度		

采用专家调查法,选择从事相关建筑设计工作和专题研究的人员进行指标重要性评价。根据影响因素层级结构设计专家调查问卷,如附录 B 所示。专家需根据重要性含义,选择对应标度。评价示例如表 1-6 所示,B_{1-1} 跟 B_{1-2} 比较,标度为 4,代表 B_{1-1} 的重要性处于稍微重要和明显重要之间;B_{1-1} 跟 B_{1-3} 比较,标度为 1/3,代表 B_{1-3} 稍微重要;B_{1-2} 跟 B_{1-3} 比较,标度为 1/7,代表 B_{1-3} 强烈重要。

表 1-6 评价指标作用重要程度比较示例

	B_{1-1}	B_{1-2}	B_{1-3}
B_{1-1}	1	4	1/3
B_{1-2}	1/4	1	1/7
B_{1-3}	3	7	1

将专家调查问卷所得数据,运用几何平均法进行计算,即得到最终成对比较矩阵。为了得到指标权重,利用线性代数中矩阵的特征向量与特征值计算每个判断矩阵的权重向量。

以表 1-6 所选示例为例阐述具体计算步骤。

首先,对比较矩阵每列数据进行标准化处理。首先对每列数据分别进行求和,从左到右依次为 4.25、12、1.48。然后将矩阵中数值除以对应各列总和,即得到每一列经标准化处理后的判断矩阵,所得结果如表 1-7 所示。

表 1-7 标准化处理后的判断矩阵

	B_{1-1}	B_{1-2}	B_{1-3}
B_{1-1}	0.24	0.33	0.23
B_{1-2}	0.06	0.08	0.10
B_{1-3}	0.71	0.58	0.68

其次,确定同一层次因素对于上一层次因素某因素相对重要性的权值,也称单权重 $\overline{w_i}$。将经标准化处理后的判断矩阵每行数据求取平均值,即得

到矩阵中各指标相对上一层级指标的权重。所选示例中,B_{1-1}、B_{1-2}、B_{1-3}对应上一指标层B_1所得均值化权重分别为0.26、0.08、0.66,所得均值化权重之和为1。

再次,进行一致性检验,以保证指标的比较结果不出现内部矛盾。计算判断矩阵最大特征值λ_{max},根据最大特征值λ_{max}和平均随机一致性指标RI确定随机一致性比率CR,计算方法如式(1.1)所示。当CR<0.1时,说明一致性良好,判断合理;当CR=0.1时,一致性较好,判断较为合理[23]。所选示例中一致性指标结果为0.0311<0.1,通过一致性检验,特征向量(归一化后)即为权向量(权重值)。当n为3、4时对应RI值分别为0.58、0.90。

$$CR = \frac{\lambda_{max} - n}{(n-1)RI} \tag{1.1}$$

式中,CR——随机一致性比率;

RI——平均随机一致性指标;

n——指标个数;

λ_{max}——判断矩阵最大特征值。

最后,确定某一层次所有因素对于最高层(总目标)相对重要性权值$\overline{w_i}$。本书中指标体系包括总目标、一级子目标和二级子目标,一级子目标相对总目标权值即为$\overline{w_i}$,指标体系中二级子目标相对总目标的权重值需将层次单排序中所得权重值与其对应一级子目标相对总目标的权重值相乘,即得出二级子目标的总权重值$\overline{w_i}$。

根据以上影响因素权重确定方法,计算室内购物街天然光环境性能各影响因素所占权重,结果如表1-8所示。根据权重分析结果可知,一级子目标层中采光口设计形式和光环境分布特征所占权值最大,分别为37.28%和40.87%,天然光节能效果影响最低,仅为10.24%。二级子目标层中,最重要的两项指标为"有效采光范围"和"光线分布水平",所对应权重值超过15%;"采光口设计感"和"采光口面积"较为重要,所对应权重值超过10%;"采光方式""采光口边缘过渡设计"和"基于天然光的人工照明配置设计"所对应的权重值超过 5%；其余影响因素的所占权重偏低，均低于 5%，其中，"声环境"的影响作用最低，仅为 1.12%。

本书将基于影响因素权重调查结果，选择影响作用最大的两项影响因素"有效采光范围"和"光线分布水平"，对其相应的性能评价方法及综合优化展开进一步研究。

表 1-8　室内购物街天然光环境性能影响因素专家调查权重

总目标层	子目标层	一级子目标层	二级子目标层	权重	重要性排序
室内购物街天然光环境性能的影响因素	直接影响因素（88.39%）	采光口设计形式（37.28%）	采光口设计感	12.72%	3
			采光口面积	11.43%	4
			采光方式	7.06%	5
			采光口边缘过渡设计	6.07%	7
		光环境分布特征（40.87%）	有效采光范围	15.03%	2
			光线分布水平	18.08%	1
			天然光线的均匀性	3.88%	9
			天然光线的柔和性	3.88%	9
		天然光节能效果（10.24%）	基于天然光的人工照明配置设计	6.36%	6
			光导照明系统应用	3.88%	9
	间接影响因素（11.61%）	其他空间环境要素（11.61%）	空间形态	4.75%	8
			室内装饰	3.36%	12
			声环境	1.12%	14
			热环境	2.38%	13

第二章 关键因素评价指标

根据权重分析结果可知,影响室内购物街天然光性能最为关键的因素是"有效采光范围"和"光线分布水平",综合影响占总体性能的33.11%,但表征两个关键影响因素的物理指标并非唯一。本章将对评价指标的适宜性展开探索,以确定反映室内购物街天然光环境性能两个关键影响因素的最佳评价指标。并从采光可用性和视觉舒适性的角度,结合空间设计和使用者主观需求,提出指标的评价方法,为采光指标的作用规律和衡量标准研究提供理论依据。

第一节 指标确定原则

为了能够更为准确地对采光性能进行评估,采光指标的适宜性问题受到学者的广泛关注,有关标准所规定的采光指标也在不断地做出调整。总结前人相关研究经验[24-27],本书根据科学性和可操作性原则,探讨主要物理指标在采光性能评价方面的优势和局限性,确定适宜衡量两个关键目标性能的物理指标。

1. 科学性原则

科学性是评估结果准确合理的基础,所选指标应能完整、准确地反映采光目标性能的内涵和特征。为了提出更具科学性的采光性能衡量指标,很多学者通过理论分析、模拟分析、实地调研等方法对采光系数和采光自治指标在反映采光信息的全面性方面,对照度和亮度在反馈主观感知方面的准确性进行了研究[24,25,27-31]。尚未有针对室内购物街空间的相关研究。

2. 可操作性原则

史冬岩等(2016)在《现代设计理论和方法》一书中指出对目标性能进行评价,需确定对应目标的衡量尺度作为评判设计方案优劣的标准[22]。杨公侠(2002)在《视觉与视觉环境》一书中指出如果没有客观指标评定空间光环境性能,仅利用定性评价方法,光环境设计将处于一种"技艺"的状态,仅能凭借专业素养和感觉来评定,导致性能指标的设计程度无法衡量[32]。在进行指标选择时,指标应具有很强的现实可操作性和可比性,需考虑是否能够进行定量处理,以便于进行方案之间的横向比较。

第二节 光线分布水平评价指标——场景亮度

空间光线通过视觉刺激对使用者产生生理影响和心理感知。为了获得生理和心理上舒适的光环境,本节将基于水平照度和场景亮度与主观满意度评价之间的相关性,判断衡量"光线分布水平"的基本物理指标水平照度和场景亮度的适宜性,以确定"光线分布水平"的最终评价指标。

一、分析指标对比

(一)照度

功能性照明设计的量化标准是照度,是一个描述到达某个表面的光通量的数值[33]。照度本身无法被眼睛所感知,只有当光被物体表面反射并到达视网膜的时候,才能被眼睛所看到。

由于水平照度易于测量和容易规范,是目前应用最广泛的建筑照明设计指标[29]。国际上对商业建筑照度标准值大多以水平照度进行规定,包括国际照明委员会《室内工作场所照明》(CIES 008/E)、英国标准协会照明标准、北美照明协会标准《商业照明标准》(IESNA/ANSI RP-2-01)、日本照明标准(JISZ9110)、德国照明标准(DIN5035)、俄国照明标准(SH_H H 23-05),以及我国《建筑照明设计标准》(GB 50034—2013)。

我国在制定《建筑照明设计标准》(GB 50034—2013)过程中,重点调查商业建筑,东北、西北、西南、华东、华南、北京调查场所数量分别为6、11、7、10、17、23栋,总计74栋,根据实际调查结果及其他国家相关标准规定提出现行规范中所要求的数值[34]。英国IES(Illuminating Engineering Society,照明工程学会)规范中,这些区域的照度规范使用标量照度,也称平均球面照度。水平照度作为评价空间光线分布水平的标准,其适宜性以及标准要求数值的准确性仍处在不断的探索和完善阶段。美国的两项研究表明,办公室工作人员喜欢的照度水平比推荐值(500 lx)高50%[35]。产生此种结果的原因,主要是大多数照明推荐值是由专业组织提出的最小照明值,实际期望值会更高些。

图2-1为某8层商业建筑室内购物街水平照度分布模拟图,仅能够针对所选参考面的光线水平进行反馈,无法反映使用者视线范围内的全部光线信息。

(二)亮度

亮度是实际感受到的明亮程度,是实际视觉认知的基础,由照度和被照亮物体表面的反射系数所决定[33]。亮度是表征人眼对物体表面光环境信息

图 2-1　某室内购物街天然光条件下照度分布图

的实际感受的物理量,与不同波长视觉敏感度相关[36]。相比照度,亮度更适用于对光环境接受度和主观偏好的研究[37]。直接的视觉刺激,以及性能和感知测量均取决于亮度[38]。

由于受到测试技术的限制,早期仅是针对物体亮度和背景亮度两者对主观亮度评价的关系进行研究。尽管亮度在反映主观感受方面的准确性较高,但亮度值采集工作难度较大,易用性较差,较难推广,尤其是在较大场景范围中较难获得场景的全部亮度信息。近年来,随着高动态范围成像(High-Dynamic Range,HDR)和计算机模拟技术的发展,使场景亮度数据采集及基于亮度的评价指标研究都获得了有效的技术支持[39]。Tural 和 Tural(2014)论证了 HDR 图像工具的可行性[40]。

Wymelenberg 等(2010,2014,2015,2017)针对办公空间和教学空间光环境评价指标的探索进行了多年研究,4 次研究所设置的主观调查问题基本一致。与主观满意度相关的问题包括:整体视觉环境满意度、垂直表面亮度满意度、对于电脑工作的光线数量的满意度、对纸质阅读工作的光线数量的满意度、电脑屏幕易读性并且无反射和光线分布的满意度。4 次研究中所涉及的客观指标差别较大,具体客观指标和研究所得结论如表 2-1 所示[28-31]。

表 2-1　主观评价与客观指标关系研究统计表

研究人员	空间	参数指标	研究结论
Wymelenberg 等(2010)[28]	私人办公室	场景亮度标准差； 任务面平均亮度； 任务面平均亮度/场景平均亮度； 显示器顶部水平照度； 场景亮度最大值； 大于10倍场景亮度比例； 大于5倍场景亮度比例； 3、5、7、10倍任务面平均亮度； 3、5、7、10倍场景平均亮度； 大于 2 000 cd/m² 的亮度比例	最佳解释主观评价的指标是任务面的平均亮度和整体场景的平均亮度； 眩光源平均亮度与7倍任务面平均亮度一致性最好； 超过 2 000 cd/m² 的高度比例最适宜用于眩光检验； 整体场景亮度的标准差能够较好预测整体视觉满意度
Wymelenberg 和 Inanici (2014)[29]	模拟办公条件的实验室	平均场景亮度； 窗口平均亮度； 任务面平均亮度/场景平均亮度； 显示器顶部水平照度； 眼睛位置平均照度； 工作面水平照度； 顶棚照度； 大于5倍任务面亮度的比例； 大于5倍场景亮度的比例； 大于 2 000 cd/m² 的亮度比例； 西南向外部垂直辐射； 日光眩光指数； 标准差/平均亮度	在预测视觉舒适性方面垂直照度优于传统水平照度、IES亮度比例、日光眩光可能性，以及日光眩光指数； 综合各指标结果，解释主观满意度评价的适宜程度，由高到低依次是：显示器顶部垂直照度、眼睛位置垂直照度、场景平均亮度和亮度标准差

续表

研究人员	空间	参数指标	研究结论
Wymelenberg 和 Inanici (2015)[30]	模拟办公条件的实验室	亮度平均值；亮度最小值；亮度最大值；亮度标准差；标准差/平均亮度；百分比位置的亮度值；低于或超过指定亮度的比例	以亮度为基础的指标在反映主观评价方面比照度基础指标更为适宜；窗户亮度标准差与视觉主观偏好契合度最高；40°水平带亮度指标与所有问题拟合度最高
Alen Mahi 等（2017）[31]	教室、会议室、中庭阅读区	平均场景亮度；垂直照度；40°水平带平均亮度；40°水平带场景标准差/平均亮度；窗口亮度的标准差；较低窗口前10%的亮度	平均窗口亮度98%比例和在水平40°位置的亮度变化系数2个指标在现场调研中表现出强相关,亮度变化系数在所有主观问题中表现更为稳定

综合前人分析研究结果可知,亮度指标在反映光环境信息和主观评价方面具有较大的发展潜力,但距离标准制定和具体应用还处在探索性阶段。因此,须对其进行更为深入和细致的研究,以促进亮度指标的推广应用。

采用 DIVA for Grasshopper 平台,针对图 2-1 中项目的 8 层采光空间场景亮度进行模拟。3 个采光中庭分别选择 1 个视角,所选视角位置位于室内购物街主轴线上,距离中庭洞口 1 m 处,视线方向面向中庭。所选视角具体平面位置如图 2-2 所示。

模拟计算时间为 9 月 21 日 9:00、11:00 和 13:00。采用鱼眼镜头模式进行模拟。西侧、中部和东侧采光中庭的场景高动态范围图像及亮度伪彩

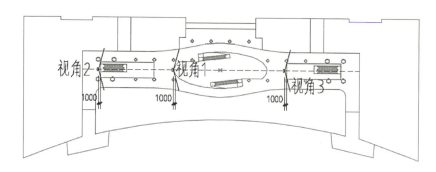

图 2-2　场景亮度模拟分析视角及位置

色图像分别如图 2-3、图 2-4 和图 2-5 所示。

通过模拟结果可知，所获得的场景亮度能够更为全面地反映三维空间的光线信息，更加符合室内购物街空间"非固定工作面"的视觉工作特性，相比水平照度更具合理性。

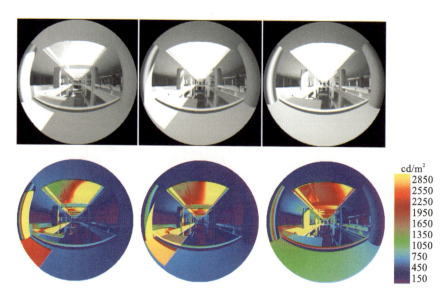

图 2-3　西侧采光中庭 HDR 图像及亮度伪彩色图像

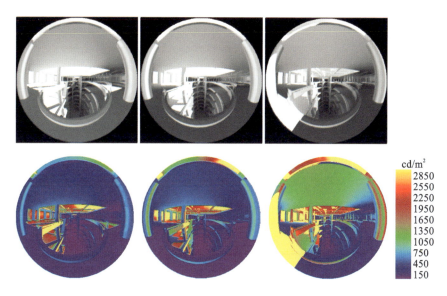

图 2-4 中部采光中庭 HDR 图像及亮度伪彩色图像

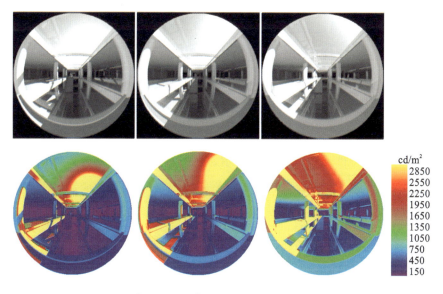

图 2-5 东侧采光中庭 HDR 图像及亮度伪彩色图像

二、对比分析结果

HDR 技术的出现使场景亮度指标在便捷性和准确性方面都具有更好的优势。目前,利用场景亮度指标对空间光线分布水平进行衡量的研究工作正处于广泛探索阶段。

一些学者针对光环境指标在反映主观评价的适宜性方面展开了相关研究,通过对以亮度为基础的采光评价指标和传统照度指标与主观评价进行对比分析,结果表明亮度指标的评价结果与主观评价较为一致,更适合用于评价人的主观视觉感受[24]。张昕(2015)通过文献调查针对照度标准在评价暗感知的不适用性上进行了探讨[7]。Wymelenberg 等(2010,2014)对两个条件相同的实验空间的光环境同时展开主观调查和客观测试,主观调查内容包括满意度、亮度感受和干扰性三个方面,客观测试内容包括图像采集、亮度和垂直照度,通过对主客观调查数据进行相关分析,结果表明部分场景亮度指标与主观评价具有较强的相关性[28,29]。

为了探讨场景亮度指标在室内购物街空间中反馈使用者主观评价方面的适宜性,对主观亮度感受和主观满意度与传统指标水平照度和平均场景亮度进行相关性分析,根据相关系数和显著性水平判断客观指标对于预测主观指标的可行性,结果如表 2-2 所示。根据相关分析结果可知,水平照度和平均场景亮度与主观评价均显著相关,但后者的相关系数明显高于前者。平均场景亮度与主观亮度感受的相关系数为 0.559,属于中度相关,与主观满意度之间的相关系数为 0.84,属于高度相关;水平照度与主观亮度感受和主观满意度之间的相关系数较低,分别为 0.203 和 0.222,属于低度相关。

表 2-2　客观指标与主观评价相关关系分析

主观评价	主观亮度感受		主观满意度	
物理指标	水平照度	平均场景亮度	水平照度	平均场景亮度
相关性	0.203**	0.559*	0.222*	0.840**
显著性	0.003	0.038	0.015	0.000

注：** 指 $p<0.01$，* 指 $p<0.05$。

综合客观物理指标与主观评价相关性分析结果可知，平均场景亮度与主观评价的相关程度高于水平照度。出现这种情况的原因可能是室内购物街是非固定作业面的视觉工作特性，场景亮度指标所描述的光线信息与之更为契合。水平照度可用来反映某一水平面的被照亮程度，而室内购物街的光环境体验来自全视野的三维信息，水平照度所体现的光环境特征与室内购物街中的视觉工作特性不符，在反馈光线信息的全面性方面存在一定的局限性，导致水平照度与主观评价之间呈现出较弱的相关性。

近年来，光环境信息采集技术也已经取得了很大的发展，通过高动态图像采集技术可获得整体场景亮度信息，这种方法能够获得视觉环境中各像素点的亮度值，与视觉效果的契合度更高。因此，从综合反馈空间光线信息的完整性、准确性和可操作性角度出发，本书选择场景亮度作为室内购物街"空间光线分布水平"的衡量指标。

三、指标评价视角

在室内购物街天然光环境设计中，不仅要保证空间的有效采光范围，还应兼顾使用者的视觉舒适性。场景亮度是人对视角范围内的场景明亮程度的视觉感知，包括全局场景范围内的亮度信息，相比照度更能反映人的真实感知。因此，为了评估空间光环境设计的视觉舒适性，需明确场景亮度对主观满意度的影响规律。

在室内购物场所中,通过光线刺激会对消费者的购物心理和购物行为产生影响,舒适的光环境能够提高消费者的购物积极性和商场的营业额[3,41]。Boyce 等(2003)在文中提到天然采光和生产力关系的实例,没有窗户的商业地产租金比有窗户的租金少 137~274 元/m²,接近租金的 20%[42]。Heschong 等(1999)对 108 家零售连锁店平均销售额进行研究,根据统计分析得出,导致销售额增加的影响因素显著性由高到低依次为每周营业时间、上一次改造后时间、有无天窗、当地人口规模、人口平均收入,将月平均销售额进行比较,增加天窗后销售额增加了 40%,销售额增加范围为 31%~49%[3]。因此,提高室内购物街天然光环境的舒适性,具有一定的现实意义。

通过场景亮度与主观评价之间的相关性分析可知,两者之间存在显著相关关系。因此,为了使空间的光线分布水平能够达到视觉舒适性最大化的设计目标,本书将结合消费者主观评价,对空间场景亮度分布与主观评价之间的量化关系展开研究,以物理技术指标"场景亮度"为先导制定衡量标准,实现对空间光线分布性能的定量评估,如图 2-6 所示。

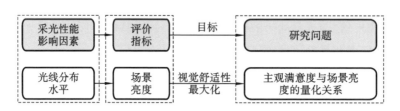

图 2-6 场景亮度指标评价方法的提出

第三节 有效采光范围评价指标——采光自治

选取衡量"有效采光范围"的基本物理指标,即传统静态指标采光系数 DF(Daylight Factor,采光系数)和动态指标采光自治 DA(Daylight

Autonomy,全天然采光时间百分比,也译为采光自治、日光自治),通过指标对比分析两个指标在反映"有效采光范围"方面的准确性,以确定"有效采光范围"的最终评价指标。

一、指标对比分析

(一)采光系数

以往由于受到实验条件和计算机模拟技术的限制,研究人员仅能通过光线组成和天空条件的影响抽象模拟出标准天空模型,利用采光系数计算特定天空条件下的室内采光效果。

采光系数是表征全年最不利的天气条件下的采光最低值,属于静态采光评价指标,是目前用于衡量采光是否有效的最为广泛的评价指标。我国《建筑采光设计标准》(GB 50033—2013)中对不同采光等级、各种建筑类型中的不同功能场所的采光系数标准值进行了规定;我国《绿色商店建筑评价标准》(GB/T 51100—2015)和美国 LEED 绿色建筑评价标准利用平均采光系数满足率对天然采光效果进行评价;英国标准委员会标准(BS 8206)中规定,若白天不经常使用电力照明,平均采光系数不得低于 5%;北美照明工程协会(Illuminating Engineering Society of North America,IESNA)指导手册指出当平均采光系数大于等于 5% 时,将会有更大的内部空间得到充分的照明,当平均采光系数小于 2% 时,内部空间看起来光线昏暗。

(二)采光自治

动态光环境模拟的准确度优势明显,但由于计算量的庞大,在很长一段时间内难以实现。近年来,随着计算机技术的发展,采光效果评价突破了时间维度的限制,动态采光计算取得了较大的发展。

1983年,Tregenza提出的"天然光系数"(Daylight Coefficients)的概念,成为实现动态采光评价的基础[43]。目前,采光指标研究正朝着基于气候条件的方向强力推动,很多研究工作正致力于制订新的动态采光指标来补充或代替采光系数(如表2-3所示),此类指标把当地气候、具体照明要求及空间应用纳入考虑范畴。

全天然采光时间百分比(DA)为规定时间段内,室内给定平面一点,在实际天空条件下,全年依靠天然采光所产生的照度不小于规定照度值的时间所占的百分比[44]。采光自治定义最早出现在1989年瑞士的规范中,近年来,针对采光自治值的研究及应用不断得到发展,Reinhart等(2001,2012)将其应用在室内采光性能的评价中[45,46]。

为了衡量整体空间的采光自治情况,根据不同计算方法和采光满足率,在DA的基础上发展出一系列指标DA_{con}、zDA、sDA、tDA、DA_{max}。其中,DA_{con}主要针对全部采光量进行统计,更适合用于基于天然光的利用感光控制的照明系统;zDA是针对区域平均全自然采光百分比进行统计,能够反映区域可用天然光比例;sDA、tDA和DA_{max}主要针对采光自治值的百分位比例进行统计,sDA和tDA所针对的采光自治时间比例分别为50%和75%,DA_{max}则是针对更高采光要求空间(10倍设计照度)所提出的衡量标准。

表2-3 动态采光指标[47-49]

指　　标	提出者	时间	定　　义
Daylight Autonomy (DA)	Reinhart和Walkenhorst	2001	一年中仅依靠天然采光达到最小照度值的时间比例
Continuous Daylight Autonomy (DA_{con}或CDA)	Rogers	2006	在运行时段内,天然光照度小于目标照度时,计算实际照度值相对目标照度的比例,考虑了折减系数,更适用于评价可调光的照明系统

续表

指　标	提出者	时间	定　义
Zonal Daylight Autonomy(zDA)	IES DMC	—	建筑或空间一年中达到或超过 300 lx 的测点累积时间所占百分比
Spatial Daylight Autonomy(sDA)	IES DMC	—	建筑或空间一年中 50% 时间达到或超过 300 lx 的区域百分比
Temporal Daylight Autonomy（tDA)	IES DMC	—	建筑或空间一年中 75% 时间达到或超过 300 lx 的区域百分比
Maximum Daylight Autonomy(DA$_{max}$)	Rogers	2006	直射光或过高天然采光条件所占比例，阈值通常是设计照度的 10 倍

二、对比分析结果

基于商业建筑基本模式及设计尺度的调查结果，选取五层的核心百货式和三层的带状购物廊式作为评估模型（如图 2-7 所示），利用 DIVA for Rhino 软件对空间静态采光指标采光系数 DF 值和动态采光指标采光自治 DA 值进行对比分析。

基本模型具体设计信息如下。

1. 模型 1（核心百货式）

每层建筑面积为 6 446.5 m²，总建筑面积为 19 339.6 m²。平面长 84.6 m，宽 76.2 m；层高 5.4 m，净高 4.8 m；层数 5 层。中庭洞口为 25.6 m×16.8 m。

2. 模型 2（带状购物廊式）

每层建筑面积为 5 902.4 m²，总建筑面积为 17 707.2 m²。平面长 119

m,宽 49.6 m;层高 5.4 m,净高 4.8 m;层数 3 层。两端矩形中庭洞口尺寸为 8.4 m×13.5 m,居中矩形中庭洞口尺寸为 8.4 m×16.3 m,圆形中庭直径为 16.8 m。

图 2-7　空间采光指标评估基础模型

(a) 模型 1;(b) 模型 2

根据空间常规采光形式设计采光口,与楼层净高一致的侧窗采光空间包括入口、休息和等候空间,顶部采光空间包括中庭和顶层交通。对基础模型的不同功能空间采光口面积进行统计,结果如表 2-4 所示。

表 2-4　基础模型采光口面积

采光空间位置	侧面采光面积/m²		顶部采光面积/m²	
	入口空间	休息/等候空间	中庭空间	顶层交通空间
模型 1	255.84	1063	430	650
模型 2	169	445	722	427

模拟模型的参数设置具体如下。

1. 气象条件

选择北京气象条件进行动态采光参数模拟。

2. 运行时段

《公共建筑节能设计标准》(GB 50189—2015)中规定了商场建筑照明功率密度和照明开关时间(如表 2-5 所示),根据标准规定设置商业建筑使用时间为8:00—22:00,每年占用时间5 110 h[50]。

表2-5 商场全年建筑照明开关时间表[50]

时间/h	1	2	3	4	5	6	7	8	9	10	11	12
照明开关时间/(%)	10	10	10	10	10	10	10	50	60	60	60	60
时间/h	13	14	15	16	17	18	19	20	21	22	23	24
照明开关时间/(%)	60	60	60	60	80	90	100	100	100	10	10	10

3. 模型材质

根据商业建筑室内装修设计常用材料和《建筑采光设计标准》(GB 50033—2013)中的附录D所列的材料参数进行模型材质设置,玻璃透射系数为0.65,内墙、顶棚、室内地面和室外地面的表面反射比分别为0.7、0.8、0.4和0.2。

4. 光环境模拟参数

环境漫反射光线次数—ab(ambient bounces)设置为4;环境分样值—ad(ambient divisions)设置为1000;环境超采样数值—as(ambient super-samples)设置为20;环境分辨率—ar(ambient resolution)决定了插值和采样计算中环境数值的最大密度,设置为300;环境精度—aa(ambient accuracy)决定了插值计算中的错误百分比,设置为0.1。

5. 模拟平面位置

在距楼地面0.75 m的水平面,按0.5 m×0.5 m划分网格,目标照度为300 lx。室外地面范围距离建筑外墙100 m。

不同采光条件下,模型1和模型2的采光自治模拟结果如图2-8和图2-9所示。图2-8(a)和2-8(b)为入口、候梯厅等位置设计侧面采光口时的采光自治模拟结果;图2-8(c)至图2-8(g)为中庭顶部采光时的各层采光自治模拟结果;图2-8(h)为顶层交通空间设置顶部采光时的采光自治模拟结果。

图 2-9(a)和图 2-9(b)为入口、休息、等候等位置设计侧面采光口时的采光自治模拟结果;图 2-9(c)至 2-9(e)为中庭顶部采光时的各层采光自治模拟结果;图 2-9(f)为顶层交通空间设置顶部采光时的采光自治模拟结果。

模拟模型采光自治 DA 值和平均采光系数 DF 值模拟结果如表 2-6 所示。通过对比分析结果可知,平均采光系数值远低于采光自治。根据本书所选案例,在中庭、顶层交通空间设有较大采光口的空间中,DA 值约为 DF 值的 7～10 倍;在入口、休息和等候等设有较小采光口的空间中,DA 值相比 DF 值高出 10 倍以上。

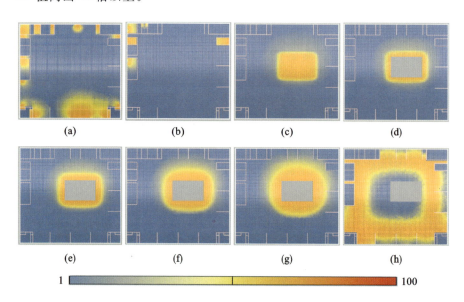

图 2-8　DA 值模拟结果(模型 1)

(a)一层入口;(b)一层休息/等候;(c)一层中庭;(d)二层中庭;(e)三层中庭;(f)四层中庭;
(g)五层中庭;(h)五层交通

根据对比分析结果可知,传统静态采光指标的计算结果与基于气象参数的动态采光指标计算结果存在较大差距,无法准确反映空间采光照明的全年采光满足率,在评估空间采光潜力方面具有一定的局限性[51]。因此,有必要利用动态采光指标采光自治值对空间的天然光可用性进行衡量。

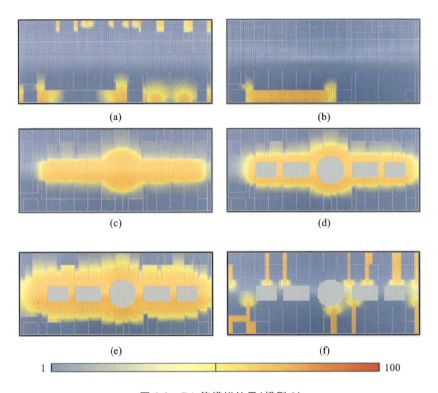

图 2-9 DA 值模拟结果(模型 2)

(a) 一层入口;(b) 一层休息/等候;(c) 一层中庭;(d) 二层中庭;(e) 三层中庭;(f) 三层交通

表 2-6 采光模拟结果

		入口	休息/等候	中庭	顶层交通空间
模型 1	DF	0.2%	0.7%	1.0%	0.8%
	DA	2.5%	8.2%	10.0%	7.9%
模型 2	DF	0.2%	0.4%	3.5%	1.0%
	DA	2.7%	4.3%	28.3%	7.6%

采光自治评价指标充分考虑了不同的建筑朝向、使用时间及全年中的各种实际天气情况的影响,对采光性能的评价更加客观。部分学者通过动态采光评价指标与传统静态指标的模拟分析结果进行对比分析,指出动态

采光指标能更全面地反映采光真实效果[27]。采光自治 DA 值是一个覆盖空间照度使用需求和所能满足时间的一个基础性指标,精确性相对传统指标会有所提升。最小照度对应于完成某一特定任务所需的最小设计照度,其选取可以参照《建筑采光设计标准》(GB 50033—2013)相关规定进行取值。

三、指标评价视角

本书确定将采光自治作为影响因素"有效采光范围"的评价指标,以对采光效果进行更为全面的分析研究。采光自治是基于空间光环境使用的最低照度要求所提出的衡量指标,直接反映了空间所处位置天然光可用时间比例。采光自治值受到采光方式、采光面积、空间尺度等诸多建筑设计因素的影响,因此,为了充分利用天然光,实现空间采光可用性的最大化,须明确对采光自治值产生影响的空间设计参数以及影响规律。

为了提高空间天然采光的利用效果,本书将针对采光自治值与空间参数之间的量化关系展开研究(如图 2-10 所示),以确定影响采光自治值的空间设计参数及其作用规律。从天然光可用性的角度,为空间采光设计的性能评估和优化提供依据。此外,掌握影响空间动态采光效果的设计参数及其作用程度,有利于设计者快速了解方案调整对天然光环境的影响,避免重复建模,提高动态采光指标在方案设计阶段的易用性,使天然采光利用技术有效融入方案设计阶段,加强动态天然采光技术在建筑方案阶段的应用。

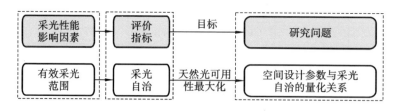

图 2-10 采光自治指标评价方法的提出

第三章　基于视觉舒适性的光环境性能评价

相对水平照度,场景亮度指标与主观评价的关系更为密切,而且更加符合室内购物街空间的视觉工作特性,所反馈的光环境信息的完整性更高。因此,针对本书第二章所提出的衡量光线分布水平关键指标场景亮度评价展开深入研究。首先,通过对商业建筑室内购物街的光环境满意度调查及场景亮度值的现场实测,了解使用者的主观反馈和光环境现状;其次,根据主观满意度与场景亮度的现场调查结果进行差异性分析,确定了研究成果的适用范畴和评价样本的分类依据;再次,详细阐述场景亮度信息提取指标及具体方法,并通过数据进行预处理,为主客观量化关系研究提供数据支持;最后,在不同光环境条件下,针对以场景亮度为基础的指标与主观满意度评价数据进行相关分析和拟合度分析,确定以场景平均亮度作为客观量化指标,并根据现场调查数据,建立场景平均亮度与主观满意度之间的量化关系,为场景亮度评价和光环境综合性能优化提供理论依据。

第一节　调研地点

研究选取 8 个规模不同(小型、中型、大型、超大型四种)的购物中心(如表 3-1 所示),分别位于中国的 4 个城市——上海、南京、廊坊和哈尔滨。其中,上海 1 个(北纬 31°),南京 2 个(北纬 31°),廊坊 2 个(北纬 35°),哈尔滨 3

个(北纬45°)。所选城市的气候条件、经济水平、文化特征和建设规模存在较大差异。所有购物中心既有仅使用人工照明的空间,又有自然采光与人工照明混合使用的空间。自然采光多采用顶部采光(1号、3号、4号、5号、6号、7号、8号),较少采用侧面采光(1号、2号、6号)。因此,本书在进一步的详细调研中,采用的采光方式均为顶部采光,也能够减少朝向对光环境分布的影响。

表 3-1 调研地点基本资料

编号	地点	规模/m²	平面图	受访人数/人
1	上海	67.000		31
2	南京	60.000		10
3	南京	160.000		10

续表

编号	地点	规模/m²	平面图	受访人数/人
4	廊坊	80.000		37
5	廊坊	88.000		36
6	哈尔滨	30.000		59
7	哈尔滨	123.870		47(41)

续表

编号	地点	规模/m²	平面图	受访人数/人
8	哈尔滨	210.100		60(57)

注：受访人数一栏括号中为主客观同步调查的问卷数量。

在哈尔滨的两个购物中心(7号和8号调研地点)的典型空间进行更为详细的研究。表3-1中7号、8号购物中心平面图中黄色区域为采光中庭，红色区域为非采光中庭。7号购物中心有1处中庭利用顶部采光，其他中庭和步行街区域均无自然采光。8号方案中庭及步行街均利用自然采光。除了对7号、8号调研地点的典型空间进行主观调查，同时还进行视场空间的图像采集工作。共选择17个调研场景，8个相机机位。人工照明场景有7个，分别位于7号购物中心1F(Camera_2/3)、2F(Camera_4/5)、3F(Camera_5)、4F(Camera_4/5)。自然采光与人工照明综合使用的场景10个，分别位于7号购物中心1F(Camera_1)、2F(Camera_1)、3F(Camera_1)和8号购物中心1F(Camera_1/2)、2F(Camera_1/2)、3F(Camera_1/2/3)。

第二节　主观问卷调查

一、主观问卷设计

在调研之前，对以往相关研究的调研地点、受访人数和研究内容进行整理。有关光环境主观评价的研究(如表3-2所示)，调研问卷最小样本量是

60 份,最大样本量是 523 份,大部分集中在 100~350 份。本调查根据前人研究制定调研计划。每个调研地点进行 30~60 份的问卷调查,共回收有效问卷 290 份,其中重点调查的两个购物中心回收问卷 98 份。

表 3-2 光环境主观评价相关研究概

研究方向	研究者	调研类型	受访者数量/人	研究内容
差异性研究	Boyce(1973)	实验室研究	150	年龄对视觉满意性的影响
	Xue,et al(2014)	住宅	340	使用者社会背景对光环境舒适性评价的影响
	Boubekri(1995)	办公	102	使用者社会背景和空间采光对光环境满意度的影响
客观指标适宜性研究	Reinhartet,et al(2012,2014)	教室	60/334	自然采光区域主观评价与客观指标的吻合情况
	Wymelenberg,et al(2010)	办公	150	自然采光区域舒适性预测指标
	Jakubiec and Reinhart(2013)	办公	194	
	Konis(2014)	办公	523	
主客观关系研究	Muiand Wong(2006)	办公	120	水平照度与光环境满意度的关系
	Huanget,et al(2012)	办公	293	
	Cao,et al(2012)	办公、图书馆、教室	500	
	Jin and Li(2014)	大型商业建筑	459	水平照度与主观亮度水平的关系

受访者随机选择,主观问卷调查通过受访者和访问者共同完成。

由于性别、年龄对商品分区有很大影响,消费者学历可能会对环境评价倾向有所不同,停留时间可能会引起体力和心情的变化,进而对主观评价产生影响,因此,本研究需受访者填写性别、学历、年龄、在商场停留时间等。

受访者被要求评价现场光环境的满意度(分为5个等级:①很不满意;②不满意;③一般;④满意;⑤很满意)和亮度水平感受(分为7个等级:过暗、暗、偏暗、正好、偏亮、亮、过亮)。

诸多学者就使用者对日光和人工照明的影响进行了大量研究,结果显示人们对采光空间的评价通常是积极的(Heerwagen and Heerwagen,1986; Veitch,et al,1993;Roche,et al,2000;Othman and Mazli,2012)。因此,为了探索采光空间与仅人工照明空间光环境评价是否存在差异性,本书访问者在调查过程中,同时记录调查点是否有自然采光。

二、主观评价差异性分析

针对购物中心公共空间,笔者分析了使用者特征和空间照明方式对光环境满意度和主观亮度两个方面的光认知是否存在显著差异。采用独立样本非参数检验,比较两个独立样本时利用曼-惠特尼 U 检验,比较多个独立样本时利用克鲁斯卡尔-沃利斯检验。

1. 使用者特征

将290名受访者按性别、学历、年龄和停留时间进行差异性检验,结果如表3-3所示。在对光环境满意度评价方面,仅不同学历人群之间存在显著差异,p 值为0.022,小于0.05。初中及以下、高中和中专、本科和大专、硕士及以上对光环境满意度评价均值分别为3.87、3.59、3.43、3.41,学历越高对光环境满意程度越低。在主观亮度评价方面无显著差异,检验结果 p 值均大于0.05。总的来说,使用者的不同特征对光环境评价没有太大差异。因此,在进一步研究中可不就此方面进行分类研究。本书研究结果与以往其他类型建筑光环境主观评价研究结果略有不同。在办公空间光环境满意度评价中,不同年龄无显著差异,核心区两性评价差异显著,靠窗区域两性评价无显著差异(Boyce,1973;Boubekri,1995)。对住宅建筑的光环境满意度评价中,两性评价无显著差异,不同年龄评价存在显著差异(Xue,et al,2014)。

表3-3　光环境评价的群体差异

受访者		光环境满意度(1—5)		主观亮度(1—7)	
		平均值	显著性水平	平均值	显著性水平
性别	男	3.52	0.230	3.98	0.083
	女	3.58		4.14	
学历	初中及以下	3.87	0.022*	4.33	0.457
	高中+中专	3.59		4.21	
	本科+大专	3.43		3.98	
	硕士及以上	3.41		4.06	
年龄	18岁以下	3.33	0.928	4.00	0.875
	18~28岁	3.53		4.04	
	29~40岁	3.50		4.00	
	41~65岁	3.55		4.05	
	65岁以上	3.48		4.21	
停留时间	1小时以内	3.43	0.508	4.04	0.642
	1~2小时	3.45		4.04	
	2~3小时	3.61		4.02	
	3~4小时	3.56		4.05	
	4小时以上	3.49		4.44	

注:* 指在0.05水平(双侧)上显著相关。

2. 空间照明方式

本书筛选空间特征相似、照明方式不同的主观评价结果(共110份问卷)进行差异性检验。在光环境满意度方面,有无自然采光之间存在显著差别,p值为0.007,小于0.01,评价得分分别为3.68和3.25。这与以往人们对日光评价通常是积极的研究结果是一致的。对大学学生光环境的喜好研究中,近78%认为在日光下工作比在人工光下工作更好(Veitch,et al,1993)。图书馆中使用者更喜欢靠近日光的区域(Othman and Mazli,2012)。在对办公空间光环境主观评价研究中发现是否靠近窗户对光环境满意度评价有显著差异(Boubekri,1995)。在主观亮度评价方面,有无自然采光之间无显著差别,p 值为 0.860,大于 0.05。因此,对采用不同照明方式的购物中心公共空间的光环境满意度方面应进行分情况研究,对主观亮度评价可进行整体研究。

第三节 场景亮度测试

直接的视觉刺激,以及性能和感知测量均取决于亮度,因此,亮度是照明设计和照明工程最重要的指标,与人的主观评价较为一致[24]。随着场景亮度信息提取技术的发展,使得以场景亮度为基础的光学指标研究得到了很快的发展。采用高动态范围成像技术(后文简称HDR)可实现室内购物街场景亮度信息采集的工作,通过对数据进行标准化处理,能够为场景亮度指标与主观评价之间的关系研究提供基础支持。

近年来,随着场景亮度分析技术的发展,使利用场景亮度指标对空间光环境评价研究得到了一定的发展。本书结合前人的指标适宜性研究结果进行指标筛选,包括表征亮度水平的亮度平均值 L_{mean}、亮度最大值 L_{max}、亮度最小值 L_{min}、亮度中值 L_{median},表征亮度浮动水平的亮度标准差 L_{std}、亮度最大值与最小值的比值 $L_{max/min}$、亮度最小值与平均值的比值 $L_{min/mean}$。另外,根据 Cuttle(2008)在 *Lighting by design* 一书中给出的亮度、照度和环境表现的对应关系[52](如表3-4所示),将场景亮度信息小于"可接受的明亮的最低水平"30 cd/m² 的百分比 L_{30} 和超过"显著明亮表现"的 300 cd/m² 的百分比 L_{300} 进行统计。

表 3-4　亮度、照度与环境表现关系[52]

亮度/(cd/m²)	眼睛位置照度/lx	周围环境表现
3	10	合理辨别颜色的最低水平
10	30	昏暗
30	100	可接受的明亮最低水平
100	300	明亮的水平
300	1000	显著明亮表现

一、测试方法

在受访者进行主观调查结束后,使用单反相机通过调整快门速度获取一组不同曝光时间的图片(约 12 张),包括高亮度、低亮度和过渡亮度。测量现场灰度平衡卡亮度值,亮度计探头距色板 0.5 m,同一代表面上设置 3 个测点,用于后期图像校准。

利用 Aftab alpha 软件将不同曝光值照片合成一张 HDR 图像,利用伪彩色图像分析提取客观数据信息,用以评估真实世界的光环境质量和数量。所提取亮度信息包括表征亮度水平的平均亮度(L_{AVG})、最大值(L_{max})、最小值(L_{min})、中值(L_{mean})、小于等于 30 cd/m² 比例(L_{30})、大于等于 300 cd/m² 比例(L_{300}),表征场景亮度波动性的亮度标准差(L_{std}),表征亮度对比度的最大值与最小值的比值($L_{max/min}$),表征亮度均匀度的最小值与平均值的比值($L_{min/mean}$)。Cuttle(2008)在书中给出了亮度、照度和环境表现的对应关系,并对环境表现进行了评述。因此,本书根据该书中指标分级选取"可接受的明亮的最低水平 30 cd/m²"和"显著明亮表现的 300 cd/m²"进行分区间数据统计。

室内购物街光环境调查中,根据现场实测数据了解光环境分布特征,并通过实际案例对采光形式进行统计,为后文典型采光空间形式选取及主客观关系研究提供依据。

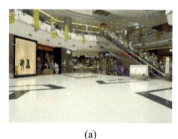 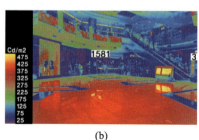

(a)　　　　　　　　　　　　(b)

图 3-1　HDR 图像亮度数据分析

(a) HDR 图片；(b) 亮度伪彩色

亮度是与眼睛感觉有关的物理量,取决于进入眼睛的光通量在视网膜物象上的密度,是与人主观感受联系最为密切的光学参数,更加适用于光环境主观评价。由于商业建筑内活动属于非固定作业面的视觉特性,视觉场景范围内的物体表面和整体环境光环境均会对使用者心理产生影响,甚至可以产生刺激消费行为或增加停留时间的作用。传统亮度指标多是针对物体表面亮度,近年来,随着 HDR 图像技术的发展,实现了对场景亮度信息的快速采集。目前,在室内购物街空间中尚未展开有关场景亮度信息实测的工作。本书对视点位置的亮度信息进行采集,不仅能够补充此方向的数据资料,而且有助于 HDR 技术应用的推动和研究趋势的引导,此方法更能反映客观实际条件,这将会促进光环境研究的进一步发展。

目前,普通显示和输出设备都是基于 8-bit 整数进行的数字图像处理,仅能表示 256 个深度等级,远远低于真实场景中的亮度变化范围[53]。高动态范围图像(High Dynamic Range Image,HDRI)技术的发展为普通图像动态范围有限的问题提出了相应的解决方法[54]。早期,高动态范围图像技术主要用于影像拍摄和计算机图形学领域,2005 年,美国劳伦斯伯克利国家实验室(Lawrence Berkeley National Laboratory,LBNL)通过技术改进和测评,将其应用到了建筑光环境分析领域中[55]。

高动态范围图像是 32-bit 图像格式,除了普通的 RGB 信息,还包括该点的实际亮度信息,范围在 $10^{-38} \sim 10^{38}$,可覆盖自然界中的真实场景亮度范围(夜晚的星光到白天的日光为 $10^{-6} \sim 10^{8}$)[56]。近年来,HDR 图像分析技术已逐渐应用于实际项目分析和光环境主观评价适宜亮度指标的探索中。HDR 图像技术具有准确性较高、应用成本很低、数据采集方便快捷等优点,相对传统亮度测试方法,可操作性大大提高。

利用传统图像合成 HDR 图像需设置不同曝光时间采集图像,至少采集3 张,利用每个曝光时间相对应的最佳细节合成 HDR 图像,这样可以提供更多的图像细节,能够更好地反映出真实环境中的视觉效果[39]。HDR 技术分析场景亮度信息的核心工作过程包括以下四步[57]。

1. 低动态范围图像获取

利用数码相机采集待分析的场景照片,使用者需调整不同曝光量,以尽量完整反映建筑空间中的各个细节,所得到的照片即原始的低动态范围图像(Low Dynamic Range Image,LDRI)。本书的研究中,采集低动态范围图像所用相机型号是尼康 D60(如图 3-2 所示),镜头焦距为 18~55 mm。拍摄时固定相机位置,选择最小焦距 18 mm,固定光圈尺寸,白平衡选择日光,感光度调整为 100,通过调整不同快门速度控制曝光时间,获取一组不同曝光时间的图片,包括高亮度、低亮度和过渡亮度。

2. 校准点亮度测试

在所测场景内放置标准灰度色板,并测量图像采集期间中等灰度色板的亮度值,用于后期 HDR 图像校准。本书中色板亮度值测量所用亮度计型号为 XYL-III(如图 3-3 所示),动态范围为 $0.1 \sim 100\ 000\ cd/m^2$,分辨率为 $0.001\ cd/m^2$。测试时,亮度计探头距色板 0.5 m[58],中等灰度色板上设置 3 个测点[59],操作方法如图 3-4 所示。

3. 高动态图像生成

利用软件将一组 LDR 图像合并生成 HDR 图像,可选用的软件有 HDRShop、The Foundry Nuke、Photosgenics、Photosphere、Photomatix、Aftab alpha 等,本书所采用软件为 Aftab alpha。

4.亮度信息提取

合成的 HDR 图像能够在软件中进行亮度数值提取,例如亮度均值、极值、指定点亮度值等,也能够对图像进行简单分析,例如生成"伪彩色图像""等亮度曲线图"等。

图 3-2　相机

图 3-3　亮度计

图 3-4　校准

二、数据提取

(一)数据分析软件

在光环境物理信息采集技术方面,除了利用照度计和亮度计等传统方法对单独测点指标数值进行测量外,图像测试与分析技术在此领域取得了极大的发展,主要包括三个方面:高分辨率(High Resolution)、高动态范围(High Dynamic Range)和大场景范围(Large Field of View)。其中,HDR为现场亮度信息采集和数据处理提供了极大帮助。该技术能够弥补数码相机在捕捉图像时,由于亮度变化量级超过单张图像所能覆盖的范围,从而导致的实际场景的亮度信息缺失的问题[55]。

HDR 是一种捕捉大范围场景亮度值的方法,通过高动态范围成像对场景亮度数据进行提取,是利用每个像素点的亮度值进行整体场景亮度水平或亮度浮动等信息的综合衡量。

很多学者通过研究证明了高动态范围图像像素所对应的亮度值具有合理的精确性和可重复性。Inanici 和 Galvin(2006)评估了 HDR 技术作为亮度地图工具的潜力、局限性和适用性,采用 Photosphere 软件导出相机响应函数,多张照片合成一张 HDR 图像,通过实验室和现场研究证明 HDR 图像亮度与实际的误差小于 10%[60]。王立雄等(2015)通过传统测试方法与HDR 技术进行对比分析,得到了误差来源以及范围,验证了 HDR 技术的可靠性[61]。王嘉亮(2010)和颜廷叡(2015)也进行了此方面的研究,得出了一致的结论[57,62]。目前,HDR 技术在亮度均匀度、日光眩光评价和天空模型研究等方面也取得了极大的发展[28,29,63-73]。

(二)亮度数据提取

综合软件的使用条件,本书采用能够在 Windows 系统下运行的 Aftab alpha 软件,版本为 2.1.0。Aftab alpha 2.1.0 软件是一款新型 HDR 分析软件,用以评估真实世界的光环境质量和数量。能够分析通过不同曝光值照片合成的 HDR 图像,也可以分析由其他 HDR 制作软件或 Radiance 生成的图像。此软件是借助 Radiance 命令、Evalglare 和 Dcraw,用 C++命令脚本在 Python 中编写的。可进行相机校正、HDR 图像创建、HDR 图像评估、眩光评估和太阳轨迹图生成。

Aftab alpha 软件的具体操作流程及本书所采用的参数设置如下。

（1）通过图像创建模式，合成 HDR 图像。选择多张低动态范围图像至软件开启界面中，点击"Making HDR Pics"进入图像合成设置界面，如图 3-5(a)所示。本书设定图片尺寸宽为 800；第一次校正相机和镜头，镜头 Lens 选择"None"，进入镜头设置页面；校正相机时选择"L"模式，点击"Start to create"。

（2）设定相机名称，选择"Add new lens"；输入相机镜头参数，主要包括最小焦距、ISO 和光圈值，如图 3-5(b)所示，最小焦距和 ISO 建议值分别为 18 和 100，光圈值建议大于 5.6；点击"False Color"；点击"Continue"，即完成镜头设置，进入 HDR 图像界面。

（3）校准图像亮度，将图像中校准点亮度值设置为现场实测亮度值，校准后，保存 HDR 图像。如果测试场景中的多点亮度值，可用来核对校准的准确性。

（4）点击"False-Color Pics"进入图像分析界面。点击工具栏"More"中的"Image statistics page"，提取亮度值、亮度极值、亮度比例等亮度数据，如图 3-5(c)所示。

图 3-6 为 6 号项目边庭位置的一组曝光时间不同的低动态范围照片，共 10 张，曝光时间范围为 1/5～1/40，EV 为曝光值 Exposure Value 的缩写，单位为秒(s)。在 Aftab alpha 中合成 HDR 图像，通过图像数字化处理方法提取亮度极值、分布、比例等数据。本场景亮度范围为 0.8～1 438 cd/m²、平均值为 140 cd/m²、中值为 83 cd/m²、标准差为 241 cd/m²，低于 30 cd/m² 的亮度占比为 22.4%，高于 300 cd/m² 的亮度占比为 7.6%。

通过伪彩色图、等值线图等方法可实现对场景亮度分布特征进行可视化分析，如图 3-7 所示。为了便于直观理解所占比例的视觉范围，将 HDR 图像按 100×100 像素单元划分网格，如图 3-7(a)所示，每个网格单元所占面

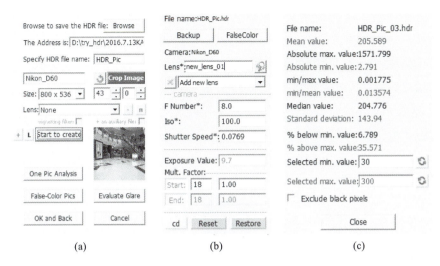

(a)　　　　　　　　　　(b)　　　　　　　　　　(c)

图 3-5　高动态范围图像合成设置及整体数据输出

(a) 图像设置；(b) 镜头设置；(c) 数据输出

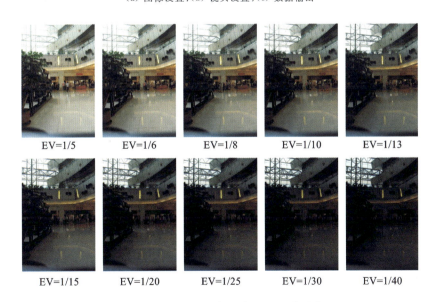

图 3-6　6 号项目边庭原始 LDR 图像采集

积比例约为整体的 0.26%。根据图 3-7 分析结果可知，场景中的亮度可划分为 3 个层次，其中，高亮度集中在采光口位置，亮度约为 500 cd/m²，根据亮度百分比直方图(如图 3-8 所示)或 HDR 网格分析图计算高亮度范围占比约 6.5%;场景中大部分空间均处在中亮度范围,在 100 cd/m² 左右;低亮度主要位于室内绿植和远处底层店铺位置,在 30 cd/m² 左右。通过亮度分布情况研究将场景光环境进行量化处理,可以更加科学地反映光线分布情况,进而辅助视觉设计做出更为准确的判断。另外,通过亮度百分比直方图可以看出,场景亮度值主要集中在 300 cd/m² 以下,数值波动和变化频率不大,亮度分布峰值分别为 20 cd/m² 和 90 cd/m²。

图 3-7　6 号商业建筑边庭 HDR 图像生成及分析

(a) HDR 图像;(b) 伪彩色图像;(c) 等值线图像

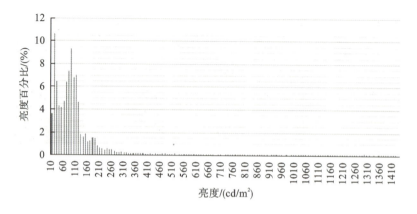

图 3-8　亮度百分比

通过软件分析,不仅能够通过数据统计结果获取所需亮度值,而且能够利用 HDR 图像提取具体像素点或某一区域的亮度值。根据 8 号商场 1 号机位的一层中庭 HDR 图像(如图 3-9 所示)所标记的场景亮度信息可知,地面和墙面主要区域亮度值约为 370 cd/m²,得到人工照明加强的导视牌及地面反射区域亮度值约为 500 cd/m²。侧廊下方区域的亮度值相对采光中庭下方区域的亮度值、深色表面相比浅色表面的亮度值均明显降低。这种方法可用于场景视觉序列设计,能够更加合理地确定背景亮度和视觉中心点的亮度差值。

图 3-9　利用高动态范围图像对像素点及区域亮度数据进行提取

三、数据预处理

根据主观评价的差异性分析结果,将调研数据分为无天然采光组和有天然采光组。通过 HDR 图像分析,对本次调研中的有天然光场景的亮度指标数据进行提取,结果如表 3-5 所示。所测场景亮度平均值、单一像素点亮度极值、场景亮度标准差和亮度中值单位为 cd/m²,范围分别为 77～2 098 cd/m²、1～16 287 cd/m²、35～1 380 cd/m² 和 50～1 398 cd/m²。其中,在 8 号和 9 号商场中展开主客观调查。

表 3-5 有天然光场景的亮度数据

编号	楼层	机位	场景亮度指标								
			L_{mean}	L_{max}	L_{min}	L_{median}	L_{std}	$L_{max/min}$	$L_{min/mean}$	L_{30}	L_{300}
			(cd/m²)					(无量纲)		(%)	
6号	1F	Camera_1	140	1438	1	83	241	1862	0.006	22.4	7.6
	1F	Camera_2	2098	9571	45	1398	1992	212	0.02	0	93.9
7号	2F	Camera_1	89	4217	1	50	129	4367	0.01	24.2	7.2
	2F	Camera_2	78	1673	2	50	78	1059	0.02	20.6	0.6
	1F	Camera_3	105	2096	2	51	161	1233	0.02	17.3	4.8
8号	1F	Camera_1	207	1587	3	206	143	506	1.5	6.8	35.7
	2F	Camera_1	77	194	3	75	35	74	3.4	10.7	0
	4F	Camera_1	179	575	4	137	125	157	2.0	2.9	18.5
9号	1F	Camera_1	1017	7976	11	770	853	695	1.1	0.2	84.1
	1F	Camera_2	341	847	7	336	167	116	2.1	1.9	61.7
	2F	Camera_1	783	8352	8	614	753	1112	1.0	0.6	77.5
	2F	Camera_2	491	4888	4	270	599	1092	0.9	2.1	46.7
	3F	Camera_1	890	7613	9	659	830	814	1.1	0.7	79.9
	3F	Camera_2	1114	16287	5	575	1380	3279	0.4	0.9	73.5
	3F	Camera_3	215	1650	3	172	180	533	1.4	6.2	23.7

本章主要针对有天然光场景中亮度指标与主观满意度之间的关系进行分析研究。主观满意度评价为无量纲,分级为 1～5。变量之间的数量级差别较大,然而,在运用对应分析法对变量之间的关系进行统计分析时,需要注意统计数据之间的可比性,即满足各变量具有相同量纲的前提条件[74]。因此,在分析数据之前,通过简单的数学变换方法对场景亮度平均值、单一像素点亮度极值、场景亮度标准差和亮度中值数据进行标准化处理,以消除数据量纲的影响,使主客观数据之间具有可比性[75]。

心理学上的韦伯-费希纳定律揭示了人对环境的心理感知与其所对应的物理环境刺激强度的对数成正比[76]。因此,选择对数变换进行无量纲化处理。采用对数描述变量,一是可以消除异方差;二是用对数能够描述较大的动态范围,研究的自变量数量级不一致时,取对数可消除数量级相差很大的情况;三是符合人的心理感知特性,在相关分析中,使非线性的变量关系转化为线性关系,更方便进行参数估计。

对场景亮度平均值、单一像素点亮度最大值和最小值、场景亮度标准差和亮度中值取以 10 为底的对数,将标准化处理后的数据与主观满意度评价数据进行进一步统计分析;由于场景像素点亮度比值 $L_{max/min}$ 和 $L_{min/mean}$ 为无量纲,亮度值占比 L_{30} 和 L_{300} 与主观评价数据的量级差别不大,因此,对这四个指标保留原始数据进行分析。

第四节 主客观关系分析

基于视觉满意度确定衡量光环境水平和分布的物理指标,能够为不同方案设计效果的横向对比以及光环境设计目标制定提供更为科学的统一标准。目前,针对水平照度指标与主观感受评价的函数关系研究较多,但在亮度方面所展开的研究仅局限于物体表面亮度为基础的绝对亮度和相对亮度,缺少场景亮度指标方面的研究。而场景亮度更为接近人们对光环境的实际视觉体验,因此,利用现场调查展开这方面的探索研究尤为必要。

通过客观指标与主观指标之间的相关性分析、拟合度分析和回归预测分析,得出影响光环境感知的量化参数以及两者之间的函数关系,设计者可通过函数关系对已有的环境质量进行评价,此外,根据函数关系提出设计建议值和分级区间,为设计者提供判断依据。

一、相关性分析

一般显示器只能显示 256 个亮度值,超出部分无法显示出来,利用图像情景再现的方法会造成部分信息损失。本书所分析数据均来自实地主客观同步调查,使用者身处实际空间中,所调查结果更符合人们的真实感受,尤其是空间感和现场氛围,以此种方式所获取数据相比图像情景再现研究方法可靠性更高。

首先,结合实地调研数据,通过相关分析判断场景亮度指标与主观满意度之间的相关关系及相关程度。相关反映两变量之间的相互关系,即在两个变量中,任何一个的变化都会引起另一个的变化,是一种双向变化的关系[77]。

有天然光空间的亮度指标和光环境满意度评价相关分析结果如表 3-6 所示,所选相关系数为 Pearson 相关系数。场景亮度的平均值、最大值、最小值、中值、不大于 30 cd/m² 的比例、不小于 300 cd/m² 的比例、标准差与光环境主观满意度之间存在很强的相关关系($p<0.01$)。相关系数绝对值均在 0.7~0.9,表现为高度相关。其中,不大于 30 cd/m² 的比例与光环境主观满意度呈现负相关,其余均为正相关。场景亮度最小值和平均值的比值 $L_{min/mean}$ 与光环境满意度在 0.05 水平上存在显著负相关(p 为 0.037<0.05),相关系数绝对值为 0.663,表现为中度相关。亮度最大值和最小值的比值 $L_{max/min}$ 与光环境满意度无显著相关关系(p 为 0.507>0.05)。综合所有相关指标的绝对值,对主观满意度评价影响程度最大的是场景平均亮度,其次是亮度标准差和不大于 30 cd/m² 的比例。

表 3-6　有天然光空间亮度指标与光环境满意度相关关系分析

	原始数据取对数					原始数据			
	L_{mean}	L_{max}	L_{min}	L_{median}	L_{std}	$L_{\text{max/min}}$	$L_{\text{min/mean}}$	L_{30}	L_{300}
相关性	0.874**	0.775**	0.790**	0.812**	0.858**	0.507	−0.663*	−0.845**	0.799**
显著性	0.001	0.008	0.007	0.004	0.002	0.135	0.037	0.002	0.006

注：** 指 $p<0.01$，* 指 $p<0.05$。

综合以上结论，针对具有相关关系的主客观指标的解释关系进行进一步探索，以确定更为合理的可用于预测主观评价的客观指标，为评价标准制定提供依据。

二、拟合度分析

建立场景亮度指标与主观满意度的评价模型，能够反映出空间光环境对主观反馈的影响规律。一个成功的模型，需要保证模型所表现出来的数量关系能够很好地拟合样本数据[78]。因此，首先对主观评价与客观指标之间的函数关系提出假设，根据拟合优度的统计量决定系数（R^2，也称可决系数、确定系数、判定系数），衡量回归曲线与实测样本数据的吻合程度，以确定可用于预测光环境主观评价的最优客观参数。决定系数等于回归平方和在总平方和中所占的比率，即回归方程所能解释的因变量变异性的百分比，计算方法如式（3.1）所示[79-81]：

$$R^2 = \frac{\text{SSR}}{\text{SST}} = \frac{\sum_{i=1}^{n}(\hat{y}-\bar{y})^2}{\sum_{i=1}^{n}(y_i-\bar{y})^2} = 1 - \frac{\sum_{i=1}^{n}(y_i-\hat{y})^2}{\sum_{i=1}^{n}(y_i-\bar{y})^2} - \frac{\text{SSE}}{\text{SST}} \quad (3.1)$$

式中，i——$1,2,\cdots,n$；

　　y——样本数据；

　　$\bar{y}$——样本数据平均值；

　　$\hat{y}$——拟合值；

　　SST——总离差平方和（Sum of Squares for Total）；

SSR——回归平方和(Sum of Squares for Regression);

SSE——残差平方和(Sum of Squares for Error)。

根据主观评价指标与客观指标的相关性分析结果,利用 SPSS 统计分析软件对具有相关性的客观指标与所对应的主观评价数据参数进行曲线估计,根据决定系数 R^2 选择与主观满意度和主观亮度评价拟合程度最高的客观参量作为主观评价的预测指标。

在有天然光条件下,场景亮度平均值、亮度标准差、亮度小于等于 30 cd/m² 占比、亮度最大值、亮度中值、亮度大于等于 300 cd/m² 占比、亮度最小值、亮度最小值和平均值的比值与主观满意度评价得分 $SSE_{daylight}$ 之间的拟合关系曲线分别如图 3-10 至图 3-17 所示。其中,场景亮度平均值、标准差、最大值、中值与主观满意度评价采用二次曲线拟合;场景亮度值小于等于 30 cd/m² 占比和大于等于 300 cd/m² 占比与主观满意度评价之间关系均采用线性拟合;场景亮度最小值、最小值和平均值的比值与主观满意度评价采用对数曲线拟合。

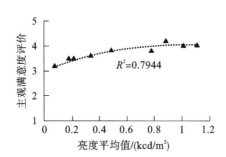

图 3-10 有天然光条件下亮度平均值与主观满意度关系

根据决定系数 R^2 可知,场景亮度最小值与平均值的比值与主观满意度拟合曲线的 R^2 值最低,仅为 0.4557,低于 0.5。出现这种情况的原因可能是室内购物街中使用者视场范围较大,场景中单一像素点亮度值(最小值)相对于代表较大范围内的视觉感受的整体场景亮度平均值的作用程度较小,导致测试结果与曲线的离散程度较大。其余拟合曲线的 R^2 值均高于 0.6。

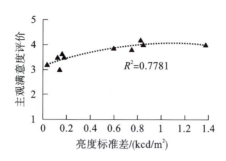

图 3-11　有天然光条件下亮度标准差与主观满意度关系

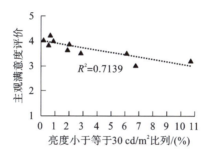

图 3-12　有天然光条件下亮度小于等于 30 cd/m² 占比与主观满意度关系

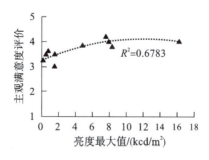

图 3-13　有天然光条件下亮度最大值与主观满意度关系

针对 R^2 值大于 0.7 的曲线变化趋势进行分析。从主观满意度与场景平均亮度拟合曲线趋势来看，当平均亮度小于 550 cd/m² 时，随着平均亮度的增加，满意度评价增长速度较快，当平均亮度大于 550 cd/m² 时，增长速度变缓。场景亮度标准差与主观满意度关系曲线的拟合度也较高，当亮度标准

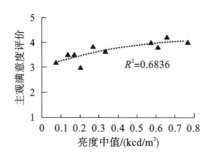

图 3-14　有天然光条件下亮度中值与主观满意度关系

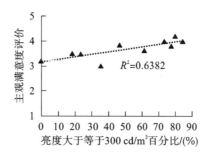

图 3-15　有天然光条件下亮度大于等于 300 cd/m² 占比与主观满意度关系

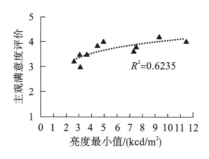

图 3-16　有天然光条件下亮度最小值与主观满意度关系

差小于 800 cd/m² 时，随着亮度标准差增加，主观满意度增长速度较快，当亮度标准差继续增大，主观满意度评价则变化不大。亮度值小于等于 30 cd/m² 占比与主观满意度呈线性负相关，在设计中应控制场景中低于 30 cd/m² 像素点所占比例。

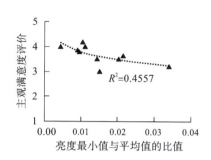

图3-17 有天然光条件下亮度最小值和平均值的比值与主观满意度关系

根据拟合度分析结果可知,亮度平均值所得拟合曲线的 R^2 值最高,为0.7944,接近0.8,曲线拟合度较高。因此,在主观满意度与客观指标函数关系确立中,选择场景平均亮度进行回归分析。

三、回归预测

由于受到计算和测量技术的限制,早期有关亮度的研究主要集中在亮度比和物体表面亮度方面[32,82],针对场景亮度指标的定量研究成果较少。基于以上研究结论,本节采用回归分析法,建立场景平均亮度与主观满意度的预测模型。根据两个变量之间的函数关系,实现通过场景平均亮度对使用者的主观满意度评价进行预测。

在有天然光的空间中,场景平均亮度与光环境满意度评价关系呈二次曲线,如图 3-10 所示,拟合曲线方程如式(3.2)所示。

$$SSE_{daylight} = -1.0284 L_{mean}^2 + 2.055 L_{mean} + 3.003 \quad (3.2)$$

式中,$SSE_{daylight}$——有天然光条件下主观满意度评价值;

L_{mean}——场景平均亮度(kcd/m^2)。

在 8 号和 9 号项目室内购物街采光空间光环境主客观调研中,场景亮度平均值范围为 77~1 114 cd/m^2,在此范围内,曲线所对应的主观评价得分均大于3。根据回归曲线方程计算主观评价典型值所对应的场景平均亮度。

亮度平均值为 1 000 cd/m² 时达到峰值，对应主观评价得分为 4.03；平均亮度为 830 cd/m² 和 1 160 cd/m² 时对应主观评价为"满意"，评价值约为 4；场景平均亮度为 280 cd/m² 时对应主观评价值为 3.5，处于"一般"和"满意"中间，表明当场景平均亮度值达到此值时，主观评价开始趋向于满意。

根据调查数据所得回归方程，选择主观满意度评价得分为 3.5 时的场景亮度平均值 280 cd/m² 为基准，即主观满意度评价处于"一般"与"满意"之间，以主观满意度评价变化 0.05 为分级标准，针对调查区间和预测方程对超过区间范围的数值进行合理估算，得出平均场景亮度分级为 50 cd/m²、75 cd/m²、100 cd/m²、130 cd/m²、155 cd/m²、185 cd/m²、215 cd/m²、250 cd/m²、280 cd/m²、315 cd/m²、350 cd/m²、390 cd/m²、430 cd/m²、480 cd/m²、530 cd/m²、580 cd/m²、650 cd/m²、720 cd/m²、830 cd/m²（1 160 cd/m²）、1 000 cd/m²，低于基准平均场景亮度分级均为 8 级，高于基准值为 11 级。

为了能够直观观察主观满意度受场景平均亮度的影响程度，笔者绘制了分级示意图，如图 3-18 所示。在低亮度区域内，主观满意度对场景平均亮度的反馈更为敏感，高亮度区的影响则逐渐减小，超过 1 000 cd/m² 时主观满意度评价开始产生逐渐下降的趋势，但在所调查区间范围内，下降幅度不大。

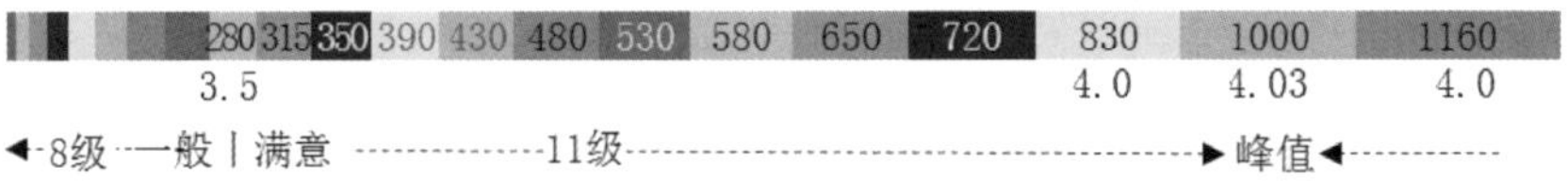

图 3-18 室内购物街有天然光空间场景平均亮度分级示意图

第四章 基于天然光可用性的采光自治模拟

第一节 室内购物街采光空间调查

为了适应商业建筑功能空间业态日益多元化的发展需求,室内购物街的规模越来越大,所能容纳的社会公共活动越来越多,在室内购物街中引入天然光更加符合现阶段商业建筑运营模式和空间使用需求。掌握室内购物街天然光环境设计及使用现状,是找出现有问题并进行深入研究的基础。

通过对室内购物街的平面和剖面设计参数、空间布局模式及采光设计进行调查研究,为后文室内购物街模拟计算提供基础数据。综合以上调查结果为后文室内购物街光环境研究提供设计依据及数据支持。

英国著名建筑师理查德·罗杰斯曾说:"建筑是捕捉光的容器。"安藤忠雄认为"建筑空间的创造即是对光之力量的纯化和浓缩"[83]。可见,空间是呈现光特性的重要承载体,因此,本书首先针对室内购物街空间形态和布局展开调查。

国内外学者从室内天然光环境设计、主观评价和作用效益等方面,针对室内购物街中的光环境实测研究以及天然光引入对销售额、停留时间、空间认知、节能效益的影响研究成果较多。此外,空间采光规律方面的研究已经具有较长的发展历史,这些成果便于在方案设计阶段对采光效果进行评估,可极大简化计算过程。但以往研究多是针对全云天条件下的采光系数、照度和亮度，低估了实际气象条件下的采光潜力，缺乏室内购物街采光空间设计参数与动态采光指标的量化关系研究。随着计算机模拟技术的发展，以气候条件为基础的全动态天然采光技术也已逐渐成熟，是目前室内采光研究的主要研究方向，但多用于办公空间等个别案例进行模拟分析[51]，与本书所研究的建筑类型和空间尺度范围有所不同。目前，针对室内购物街空间动态采光指标的规律性研究尚未展开，在方案设计阶段缺乏适用性和易用性，对设计实践的指导性相对较弱，主要表现为以下方面。

（1）缺少针对室内购物街光环境的主客观关系研究。针对室内光环境主观感知的直接性评价调查多针对实验室、办公室、教室等类型空间，由于受到试验条件限制，室内购物街光环境主观舒适性调查较为困难，基础数据量很小。而且，目前尚未有研究对室内购物街天然光环境展开主客观同步调查，导致主客观关系研究基础数据的缺乏，限制了主客观关系研究的进展。

（2）尚未有针对室内购物街天然光环境综合性能的优化设计研究。国内外学者在天然光可用性、视觉舒适性、采光节能等单一方面的定量研究较多，光环境综合性能研究多集中于指导性设计原则的制定或使用后评价研究，尚未有关于结合空间设计参数和主观舒适性的天然光环境综合性能优化的定量研究。

随着天然采光研究技术的不断发展，反映采光性能的物理指标也逐渐增多。我国《建筑采光设计标准》(GB 50033—2013)中是以采光系数和室内天然光水平照度作为采光设计的评价指标。采光系数能够反映全云天条件下室内空间的天然光利用情况，室内天然光水平照度能够反映参考平面上的光线水平。随着光环境分析技术的发展，针对全年动态采光效果和三维空间光线分布水平的客观指标研究得到了一定的发展。

一、平面设计参数

为了确定目前室内购物街设计的尺度阈值，本书对实践案例的柱网、中庭、开洞、侧廊、主街辅街等一系列空间设计参数、形式等进行统计。

对 30 家商业建筑中庭平面设计参数进行统计,结果如表 4-1 所示。常用柱网为 8.4 m×8.4 m、9 m×9 m,部分项目采用 8 m、10.4 m 和 11 m 的柱距。中庭洞口最小宽度为 5.4 m,约 0.6 倍柱网宽度,最大宽度为 37.6 m,约 4 倍柱网宽度;洞口最小长度为 8 m,约为 1 倍柱网宽度,最大长度为 80 m,约为 9 个柱网宽度;侧廊最小宽度为 2.4 m,约 0.25 倍柱网宽度,最大宽度为 11.2 m,约 1.2 倍柱网宽度;中庭洞口长宽比多控制在 1:1~3:1,少数项目比例值较大,约为 4:1。常用中庭基本平面形式包括方形、矩形、圆形、椭圆形、三角形,部分项目对基本中庭模式进行变形和组合处理,使空间形式更为灵活,但为了合理引导视线,避免遮挡,通常平面形式变化不大。

表 4-1 中庭平面设计参数统计

序号	项目	地点	柱网/(m×m)	中庭形状	洞口宽度/m	洞口长度/m	侧廊宽度/m
1	香坊万达	哈尔滨	8.4×8.4	圆形	16.8	16.8	4.2
				矩形	8.4	14~16.8	3.8
2	哈西万达广场	哈尔滨	8.4×8.4	圆形	23.4	23.4	3.5
			8.4×9	椭圆形	24	33	4.5
			9×9	矩形	9	19.3~30.1	3.5
3	群力远大 A 区	哈尔滨	8×8	椭圆形	14.4	30.4	4
4	群力远大 BC 区	哈尔滨	8.4×8.4	圆形	19.2	19.2	4.4
				椭圆	19.2	24	3.3
				矩形	5.5~7.6	19~30	2.9~4
5	百盛	哈尔滨	8.4×8.4	矩形	8.4	16.8	—
6	艺汇家购物广场	哈尔滨	10.4×10.4	矩形	10.4	26	3.2~4
7	麦凯乐购物广场	哈尔滨	8.4×8.4	八边形	22.7	24.2	8.4
8	金安购物广场	哈尔滨	8×8	矩形	16.9	37.8	2.4~5.8
9	南极商服	哈尔滨	9×9	矩形	22.5	31.5	—

续表

序号	项目	地点	柱网/(m×m)	中庭形状	洞口宽度/m	洞口长度/m	侧廊宽度/m
10	长寿城中城	天津	8.4×8.35	椭圆形	11.7	29.4	5.85~9.9
				圆形	19.5	19.5	5.8~8.2
				矩形	6.6	12.2~29.1	4.1~11.2
				矩形	10.1	12.4	4.9
11	银河购物中心	天津	8.4×8.4	梭形	25.2	80	4.2
				椭圆形	25.2	33.6	4.2
				椭圆形	12.6	16.8	4.2
				矩形	16.8	24	4.2~6
				矩形	8.4	16.8	4.2
12	湖里万达	厦门	8.4×8.4	圆形	22.6	22.6	4.5
				椭圆形	23.5	31	4.5
				矩形	7.8	16~24.9	3.5~3.6
13	金茂汇	南京	9×9	椭圆	18	45	3.6~7
				矩形	9	18	4.5
14	金鹰购物中心	上海	9×7	矩形	14	18	4.2~9
15	仲盛商业中心	上海	11.2×8.7 13.5×10	圆形	16	16	5.5
				圆形	18	18	6.5
				矩形	7.65	32	4~5
16	港汇恒隆广场	上海	11.4×11.4	矩形	10,12	10,32	4,5
				不规则形	25	40	4~5
17	正大广场	上海	11×9	圆形	32	32	6.5
				圆形	24	24	6.5
				不规则形	17	40~48	4.5
18	久百城市广场	上海	9×9	矩形	16	20	4~5.4
					13	16	3.4~4.1

续表

序号	项目	地点	柱网/(m×m)	中庭形状	洞口宽度/m	洞口长度/m	侧廊宽度/m
19	国金广场	上海	9×9	不规则形	14~25	56	4.5
				椭圆	18	24	4.5
				不规则形	15	17	4.5
20	来福士广场	上海	8.75×8.75	三角形	16	24	3.5~4
21	环贸广场	上海	9×9	不规则形	16	47	4.5
				不规则形	13	33	4.5
				不规则形	9	30	4.5
22	戴梦得购物中心	嘉兴	9×9	多边形	18	18	—
23	万象城	深圳	8.5×11	圆形	28	28	4.5~6.4
				不规则形	10.8~14	8.7~33	4.6~5
24	万象城	杭州	9×11	椭圆	26	40	4~5.5
				不规则形	9.5	9.5	4.5~5
				不规则形	11	18	4~5
25	万象城	成都	11×11	圆形	33.4	33.4	4
				圆形	18.2	18.2	3.2~4
				不规则形	10~14	17.2~25.7	3.8~4
26	圣大家具城	合肥	8×8	椭圆形	16	25.2	3.5~3.9
				矩形	16	17.2	3~3.7
				矩形	16	25.2	3.7
27	红星美凯龙		8×8	圆形	37.6	37.6	5.2
				矩形	5.4~6.3	8~21.8	2.6
28	无锡某商业中心	无锡	8.4×8.4	圆形	23.8	23.8	4~4.9
				不规则形	7.7	16.6	2.9~4.8
				不规则形	13	13	2.9~4.8
				矩形	11.4	13.8~36.8	3.2~4

续表

序号	项目	地点	柱网/(m×m)	中庭形状	洞口宽度/m	洞口长度/m	侧廊宽度/m
29	万达	廊坊	8.4×8.4	圆形	22.6	22.6	4.2
				椭圆形	23.2	33	4.2
				矩形	8	16.2~26.2	3.5~4
30	万达	石家庄	8.4×8.4	矩形	16	17.6	4

边庭置于建筑一侧，通常结合入口空间进行设计，使内外空间产生一种连续性。边庭侧窗既能够起到拓展空间的作用，还能令使用者与外界实现良好的视线沟通，已成为目前商业建筑广泛采用的一种采光空间形式。

由于边庭的相关研究资料较少，笔者针对边庭的平面形式及参数进行了较为详细的资料收集工作，如图4-1所示。边庭设计宽度一般控制在1~3个柱网，长度通常在3~6个柱网。所调查项目边庭洞口宽度阈值为9~27 m，长度阈值为14~54 m，平面长宽比多控制在1:1~3:1。

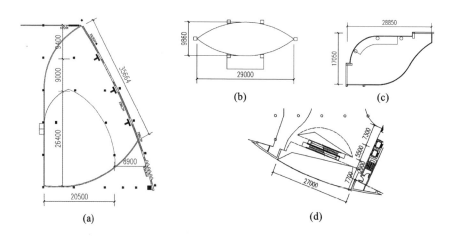

图4-1 边庭设计案例

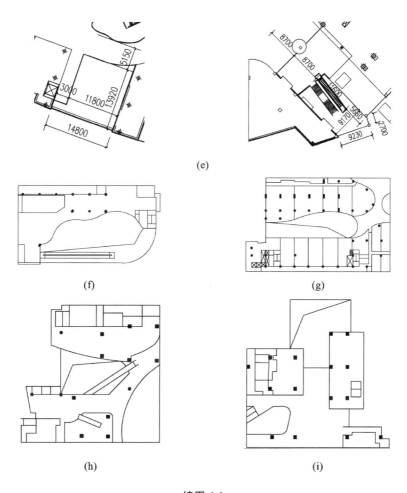

续图 4-1

(a) 哈尔滨红博会展中心；(b) 哈尔滨远大；(c) 哈尔滨南极；(d) Constant 商场；(e) 宜家；
(f) 西安民乐园万达广场；(g) 上海国金；(h) 上海环贸广场；(i) 上海静安嘉里中心

与主入口结合设计的边庭空间所对应的柱网分别为：3个×5个（哈尔滨红博会展中心）、1个×3个（哈尔滨远大）、2个×3.5个（哈尔滨南极）、3个×3个（Constant 商场）、2个×2个（宜家）、3个×7个（西安民乐园万达广场）。与次入口结合设计的边庭空间所对应的柱网尺寸分别为：1个×1.5个（宜家）、1个×6个（上海国金）、1个×2.5个（上海环贸广场）、2个×2个

（上海静安嘉里中心）。若将边庭作为主中庭进行重点设计，尺度可相对较大，北京颐堤港边庭面积达 2 000 m²，约 24(4×6) 个柱网空间。

对商业建筑主要入口空间(不包括与边庭共设的入口)平面设计参数进行统计，结果如表 4-2 所示。主要入口空间宽度方向有 1～3 个柱网，进深方向有 1～2.5 个柱网，宽度和进深比例在 1∶1～1∶2.5。所调查项目主街宽度阈值为 6～20 m，辅街宽度阈值为 3.4～11 m。

表 4-2　入口空间平面参数

序号	项目	所在城市	入口空间宽度(D)×进深(A)/m
1	万象城	深圳	$D=17$、13、9.8；$A≈18$
2	万象城	杭州	15.2×20、11.9×11
3	万象城	沈阳	7.7、10.4、9.4
4	万象城	南宁	$D=24.6$
5	万象城	成都	12.7×18、10.5×18、10.5×12、20×10
6	Obidos	—	11.7×12.8
7	Tenutella	—	11.7×14.6；7×8.4；16×22
8	香坊万达	哈尔滨	8.4×11.9
9	哈西万达广场	哈尔滨	16×18.6、13.8×19、13.6×20、8.4×20
10	金鹰购物中心	上海	16×14.3、8×15.4
11	环贸广场 IPAM	上海	11×18
12	金茂汇	南京	$D=25.4$
13	戴梦得购物中心	嘉兴	12.7×18.2、18×18

除了中庭周围的侧廊以外，不存在洞口的步行街也是室内购物街的重要组成部分。主街及辅街宽度参数如表 4-3 所示。主街宽度范围为 6～19 m，为 0.75 倍柱距至 2 倍柱距，辅街宽度范围为 3.4～11 m，为 0.4 倍柱距至 1.3 倍柱距。

表 4-3　主街辅街宽度参数

序号	项目	所在地点	主街/辅街宽度/m
1	仲盛商业中心	上海	8/6
2	港汇广场	上海	20/8
3	正大广场	上海	17/6～8
4	久百城市广场	上海	6/4.1、3.4
5	恒隆广场	上海	17/5～6.5
6	万象城	深圳	18/6、3.5
7	湖里万达	厦门	15、3.5
8	环贸广场 IPAM	上海	19/11

二、剖面设计参数

中庭空间的剖面设计是商业建筑有别于其他空间的特色表现，其空间高度和侧廊相对位置共同围合出中庭剖面空间。本书对我国部分商业建筑层高进行了统计，如表 4-4 所示。

表 4-4　商业建筑剖面参数统计

序号	项目	地点	地上层层高/m	中庭层数	洞口尺寸
1	金茂汇购物广场	南京	5.5(2～8F) 6(1F)	1～8F	18×45(椭圆) 9×18(矩形)
2	金鹰国际购物中心	上海	5.95(9F) 3.695(2～8F) 4.625(1F)	1～6F	14×18(矩形)
3	仲盛商业中心	上海	5.5(2～5F) 6(1F)	1～4F 1～5F	$D=16$、$D=18$(圆形) 7.65×32(矩形)

续表

序号	项目	地点	地上层层高/m	中庭层数	洞口尺寸
4	港汇恒隆广场	上海	5.5(1~6F)	1~6F	10×10、10×32、10×12、12×32(矩形) 25×40(不规则)
5	正大广场	上海	5(1~10F)	1~8F	$D=32$、$D=24$(圆形) 17×(40~48)(不规则)
6	久百城市广场	上海	5.4(2~9F) 5.75(1F)	2~7F 5~8F	16×20、13×16(矩形)
7	环贸广场 IPAM	上海	5.35(6F) 5.45(3~5F) 5.3(2F) 6.05(1F)	1~6F	16×47、13×33、9×30 (不规则形)
8	万象城	深圳	5.0(5F) 5.6(4F) 6.2(3F) 5.6(2F) 6.5(1F)	1~5F	$D=28$(圆形) (10.8~14)×(8.7~33) (不规则形)
9	万象城	成都	5.4(5F) 6(3~4F) 5.4(2F) 6(1F)	1~5F	$D=33.4$、$D=18.2$(圆形) (10~14)×(17.2~25.7) (不规则形)
10	香坊万达	哈尔滨	4.8(3F) 5.1(1~2F)	1~4F	16.8×16.8(圆形) 8.4×14、8.4×16.8(矩形)

注:洞口尺寸单位为"m"。

根据剖面统计结果可知,首层层高多为 5.4~6.5 m,其余地上层层高 5~5.5 m,柱网尺寸与层高约为 1.5 倍关系。中庭高度为 3~8 层层高。综合中庭平面参数统计结果,洞口高宽比范围为 0.47(4 倍柱距宽,3 层层高) ~4.5(1 倍柱距宽,7 层层高),中庭剖面高宽比范围为 0.38(5 倍柱距宽,

3层层高)～2.7(4倍柱距宽,9层层高)。

商业建筑中庭剖面形式示意图如图4-2所示。最为常见的剖面形式是首层店铺位置凸出0.5个或1个柱网,以避免首层步行街尺度过宽造成视线可达性问题,上层楼板和店铺剖面位置一致。如果中庭尺度不是很大,侧廊剖面位置一致的情况也较为常见。少数项目采用逐层变化和不规则变化形式,渐变式尺度变化不大,相邻层多控制在0.25～0.5个柱网,不规则变化幅度多为0.5～1个柱网。北京颐堤港和上海尚嘉中心(如图4-3所示)采用了变截面的剖面设计形式,增加了空间的灵活性和趣味性。

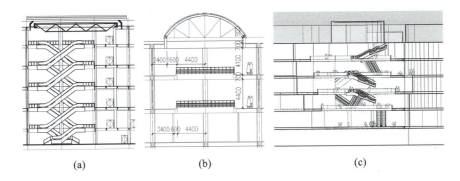

图4-2 中庭空间剖面示意图

(a)侧廊上下一致;(b)一层店铺凸出;(c)左:渐变;右:不规则变化

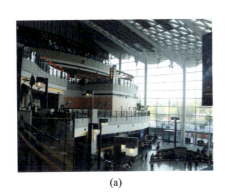 

图4-3 中庭变截面剖面设计实景图

(a)北京颐堤港;(b)上海尚嘉中心

三、采光设计形式

对我国不同地区的 28 个商业建筑项目的室内购物街天然采光利用情况展开实地调查,结果如表 4-5 所示。由于一般入口空间均采用透明玻璃入口,本调查未对一般入口空间采光形式进行统计。

表 4-5　室内购物街采光形式统计结果

项目	中庭空间							廊式空间		
	核心式		单边式		转角式		贯穿式	顶部	侧窗	高侧窗
	顶部	高侧窗	侧面	顶部+侧面	两侧	顶部+侧面	顶部+对侧			
北京颐堤港	√	—	√	√	—	—	—	—	—	—
北京侨福芳草地	—	—	—	—	—	—	√	—	—	—
北京西单大悦城	√	—	√	—	—	—	—	—	—	—
上海环贸广场	—	—	√	—	√	—	—	—	—	—
上海久光百货	√	—	—	√	—	—	—	—	—	—
上海国金中心	√	—	√	—	—	—	—	—	—	—
上海尚嘉中心	√	—	—	—	—	—	—	—	—	—
上海百联又一城	√	—	√	—	—	—	—	—	—	—
上海静安嘉里中心	√	—	√	√	—	—	—	—	—	—
上海环球港	√	—	—	—	—	—	—	—	—	—
上海金鹰购物中心	—	—	√	—	—	—	—	—	—	—
沈阳大悦城	√	√	√	—	—	—	—	√	—	√
沈阳华府天地	√	—	—	—	—	—	—	—	—	—
厦门 SM City	√	—	—	—	—	—	—	—	√	—
西安民乐园万达	√	—	—	—	—	√	—	—	—	—
西安赛格购物中心	√	—	—	—	—	—	—	—	—	—
西安熙地港	√	√	√	—	—	—	—	—	—	—
哈尔滨香坊万达	√	—	—	—	—	—	—	—	√	—
哈尔滨凯德广场	√	—	—	—	—	—	—	—	√	—

续表

项　　目	中庭空间								廊式空间		
	核心式		单边式		转角式		贯穿式		顶部	侧窗	高侧窗
	顶部	高侧窗	侧面	顶部+侧面	两侧	顶部+侧面	顶部+对侧				
哈尔滨群力远大	√	—	—	—	√	—	—		—	—	√
哈尔滨会展中心	—	—	—	—	√	—	—		√	—	—
哈尔滨麦凯乐	√	—	—	—	—	—	—		—	—	—
哈尔滨国展中心	—	—	—	—	—	—	—		—	—	√
哈尔滨艺汇家	√	—	—	—	—	—	—		√	—	—
哈尔滨金安国际	—	—	—	—	—	—	√		—	—	—
哈尔滨关东古巷	√	—	—	√	—	—	—		√	—	—
哈尔滨南极国际	√	—	—	—	—	√	—		—	—	—
哈尔滨杉杉奥莱	—	√	—	—	—	—	—		—	—	—

对采光方式所占比例进行统计,采用顶部采光方式最多,占 44%,侧窗采光占 30%,侧窗和顶部同时采光占 15%,高侧窗形式最少,占 11%。中庭空间和廊式空间采光分别占 81% 和 19%。中庭空间采光设计中,采用核心式顶部采光的比例最多,达 48%,单边式侧面采光占比 20%,单边式中庭顶部和侧面同时采光占 9%,转角式中庭转角两侧采光和核心式中庭高侧窗采光均占比 7%,贯穿式中庭顶部与对侧同时采光均占比 5%,转角式中庭顶部侧面同时采光占 4%。

第二节　模拟方法及参数设定

1990 年,基于光线追踪算法的 Radiance 软件诞生,成为精确进行光环境模拟的技术基础,众多基于 Radiance 计算核心的软件中,Daysim 软件及内置了 Daysim 引擎的 DIVA 插件,实现了动态光环境计算,弥补了传统静态方法的缺陷[43]。部分学者通过数据对比验证了 Daysim 软件是一款可靠性较好的全年动态天然采光模拟软件，验证了软件的可行性[84-86]。不同于其他软件注重渲染特定时刻的视亮度图像，Daysim 软件偏重结果分析，提供的并非图像而是分析表格。DIVA for Rhino 软件相比 Daysim 软件可视化控制更为便捷。DIVA for Rhino 软件整合了精细化采光分析软件 Radiance 和 Daysim[87]，在设计应用及研究领域具有广阔的前景，例如动态采光评价、眩光评价、遮阳分析等[88]。另外，利用 DIVA for Rhino 软件解决新建建筑表达传统建筑光环境信息方面的应用也正在逐步得到扩展[89,90]。本书采用 DIVA for Rhino 软件对室内购物街空间采光自治值进行模拟分析。

由于本书主要针对建筑方案阶段的动态采光效果进行研究，因此，在模拟过程中对模型设置进行了简化处理。实体界面材质设置为常量，根据商业建筑室内装修设计常用材料和《建筑采光设计标准》(GB 50033—2013)中的附录 D 所列的材料参数进行设置，内墙、顶棚、地板和室外地面的反射方式均为漫反射，反射系数分别为 0.7、0.8、0.4 和 0.2。假设洞口无遮挡，即透射系数为 1。采光口边界与建筑外墙距离为洞口宽度 10 倍以上，忽略墙面反射对光环境的影响。

动态采光模拟计算具体设置如下。

1. 气象条件

由于我国现行采光标准均以我国第Ⅲ光气候区为基准，因此，本书模拟地点选择第Ⅲ光气候区的北京市，气象参数选用建筑能耗模拟软件 EnergyPlus 中的气象文件"Beijing.545110_CSWD.epw"。

2. 模拟时段

由于本书针对天然采光效果，因此，人工照明全开启时段 19:00—22:00 不作为分析时段，以节省运算时间。模拟时段设置为 8:00—18:00，每天 10 h，全年累计 3 650 h。根据模拟时段和软件计算所需占用时间的文件格式，编制商业建筑日光模拟时间文件，文件格式为".occ"。

3. 模拟位置及目标照度

结合室内购物街所容纳的多功能行为特征,例如通行、售卖、展览、休闲、举办商业活动等,参考《建筑照明设计标准》(GB 50034—2013)中相关房间或场所的规定,选择设计中最为常用的参考平面和照度标准值,即模拟平面位置为距楼地面 0.75 m 水平面,最低目标照度为 300 lx。

4. 分析网格

表面采光传感器的网格间距,在测试阶段可选择较大的网格间距,但精确计算的网格间距不能小于 600 mm。本书针对某一洞口长宽均为 5 m 的顶部采光空间中心点和侧廊中线 15 m 范围的采光自治结果进行稳定性测试,以确定最终模拟网格间距。对不同网格间距划分情况下的平均 DA 值进行模拟,结果如图 4-4 所示,从模拟结果中可以看出,网格间距在 100~600 mm 范围内变化时,平均 DA 值结果变化不大。为了便于直观地观察分析模拟结果,综合考虑提高模拟运算速度,本书模拟网格间距设置为 500 mm。

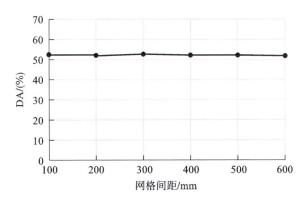

图 4-4　不同网格间距的 DA 值

5. Radiance 模拟参数

环境漫反射光线次数—ab(ambient bounces)设置为 4。环境分样值—ad(ambient divisions)设置为 1 024。环境超采样的数值通常应用于光线变化较为剧烈的环境细分点上—as(ambient super-samples)设置为 256。环境分辨率—ar(ambient resolution)决定了插值和采样计算中环境数值的最大密度,设置为256。环境精度—aa(ambient accuracy)决定了插值计算中的错误百分比,设置为0.1。

为了提高建模速度,减少模型重建和调整工作,采用Grasshopper平台,通过控制因素数值变化进行参数化建模。输入端为因素参数,包括洞口宽度、长度和层数,如图4-5(a)所示。模型输出端分为两个部分(如图4-5(b)及4-5(c)所示),一部分是建筑模型,按建筑构件不同材质分别输出,包括室外地面、墙面、室内地面和顶棚,另外一部分是分析网格物体,将用于连接DIVA动态光环境模拟运算插件,运算后将数据直接反馈至Grasshopper,计算结果在Rhino中能够实现可视化,建筑模型可在Rhino界面实时显示。此建模方法可通过调整参数快速完成建模工作,为规则探索性研究提供了极大的便利。

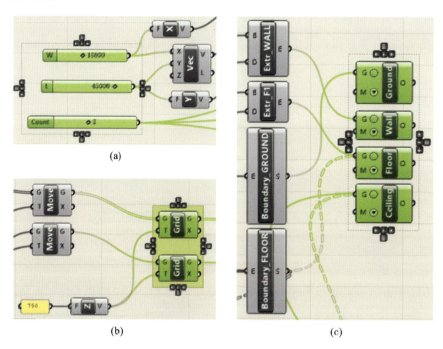

图4-5 建筑模型参数化设计流程示意图

(a) 因素参数输入端;(b) 模拟网格输出端;(c) 建筑模型输出端

试验模型生成后,基于 Grasshopper 平台及 DIVA 插件,将采光分析面与 DIVA 下的全年采光(Annual Daylight)运算器连接,如图 4-6 所示。提取基于气候条件的采光指标 DA 值,在 Grasshopper 界面可查看模拟结果数据及各数据组的曲线分布图,在 Rhino 界面可查看模型测点的模拟值。

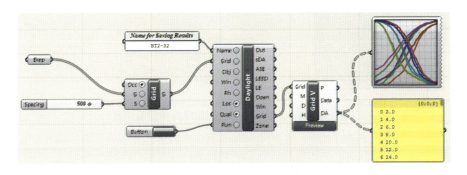

图 4-6　动态采光模拟流程示意图

第三节　特征值位置及模拟区域

由于以 Radiance 为内核的采光计算速度很慢,为了提高运算速度,又能使模拟结果具有代表性,本书首先根据采光空间 DA 值分布特征确定特征值位置,以界定网格计算范围,节省计算时间。

一、顶部采光空间

顶部采光空间采光口位置下方 DA 值最高且变化不大,而在侧廊位置,随着侧廊深度增加,DA 值逐渐减小。根据顶部采光空间采光自治值分布特征,针对底层中心点和四周侧廊中心线位置的 DA 值进行模拟,具体位置如图 4-7 所示。以顶部采光空间各层正下方位置的采光自治达到 50% 作为限定条件,确定需要模拟楼层位置,不符合要求的楼层不参与采光自治值模拟计算。符合要求的空间,针对侧廊中垂线位置进行模拟,选择采光自治达到50%的范围作为最终的走廊 DA 值模拟范围。

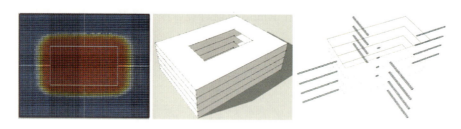

图 4-7　顶部采光空间 DA 值模拟的特征值位置

二、单侧采光空间

单侧采光空间随着进深增加,DA 值逐渐降低,垂直采光口中心线位置的 DA 值最大,采光口两侧侧廊边缘位置略有降低。对模拟模型两侧侧廊 DA 值最高的位置进行统计,结果如图 4-8 所示。根据统计结果可知,DA 峰值大部分位于 5 m 左右,采光口面积较大时,峰值位置偏离采光口位置越远,但此时侧廊进光量较大,峰值位置曲线较为平缓,与 5 m 位置相差较小,因此,将采光口附近约 5 m 位置作为两侧侧廊进深方向的特征值位置。综上分析,单侧采光空间底层垂直采光方向中线、各层垂直采光面侧廊边线位置以及距离采光面 5 m 处的侧廊垂线位置可作为典型特征值位置,如图 4-9 所示。但根据图 4-9 的模拟结果可知,部分单侧采光中庭的侧廊边线和采光口中垂线的 DA 值相差较小。为了简化运算步骤,根据采光口中垂线 DA 值为 50% 的位置确定两侧侧廊参与计算范围。综上分析,单侧采光空间的模拟范围根据采光口中垂线和 5 m 垂线位置的 DA 值确定,边线不参与计算。

图 4-10 为采光口宽 18 m、高 20 m,空间进深为 54 m 的单侧采光空间,采光口一侧侧廊位置的 DA 值分布图,侧廊宽度为 15 m。从图中可以看出,

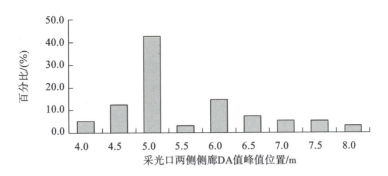

图 4-8　采光口两侧侧廊 DA 值峰值所在位置统计结果

图 4-9　单侧采光空间 DA 值模拟的特征值位置

侧廊位置的 DA 值在采光井进深和侧廊进深两个维度方向均产生较大变化，在模拟时需对此区域 54 m×15 m 范围内的全部测点进行计算，测点数量 3 240 个，此建筑模型采光口两侧侧廊数量共 8 个，总计测点数量达 25 920 个，计算范围扩展到全部优化计算种群的各个粒子，计算量过于庞大，会大

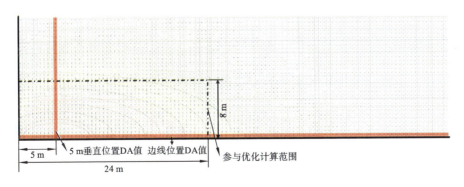

图 4-10　某一单侧采光空间侧廊 DA 值分布图

大增加运算时间。选择 5 m 垂线位置和边线位置 DA 值为 50%的测点位置对计算范围进行限定。中点划线划定范围为最终参与优化计算范围。参与优化计算的区域范围为 24 m×8 m,计算测点数量为 768 个,相比初始计算点减少 2 472 个,约为初始计算点的 1/4,可节约运算时间约 3/4。

三、混合采光空间

混合采光空间受顶部采光和侧面采光的综合影响,侧窗两侧侧廊位置 DA 值分布特征较为复杂,优化计算中侧廊计算宽度(垂直侧廊边缘线方向的距离)和长度(平行侧廊边缘线方向的距离)需分别进行界定。结合其采光特点,选择垂直侧面采光口中线、距离侧面采光口 5 m 处的侧廊垂线作为典型特征值位置,如图 4-11 所示。

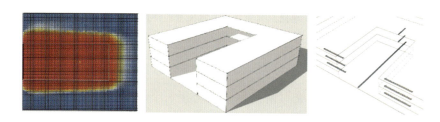

图 4-11　混合采光空间 DA 值模拟的特征值位置

前人研究表明侧窗采光有效进深主要受窗高位置影响[91],本书参考此结论,基于气象条件分析相对侧廊动态采光的有效影响范围。首先,按不同朝向将不同进深类型的数据进行分组,分别对混合采光和仅顶部采光条件下的相对侧廊数据组进行两独立样本非参数检验,分析结果如表 4-6 所示。当侧窗朝南或朝北时,相对侧廊边缘与侧窗距离超过 3 倍空间高度,侧窗对此位置无显著影响;当侧窗朝东或朝西时,相对侧廊边缘与侧窗距离超过 4.5 倍空间高度,侧窗对此位置无显著影响。

表 4-6 与采光口平行的侧廊 DA_{msp} 值与顶部采光空间侧廊 DA_{cs} 值差异性分析

采光方向		南侧采光	东侧采光	北侧采光	西侧采光
小进深空间	尺度	$L<3\times H$	$L<4.5\times H$	$L<3\times H$	$L<4.5\times H$
	显著性	0.002**	0.000**	0.017*	0.000**
大进深空间	尺度	$L\geqslant 3\times H$	$L\geqslant 4.5\times H$	$L\geqslant 3\times H$	$L\geqslant 4.5\times H$
	显著性	0.104	0.757	0.334	0.884

注：** 指 $p<0.01$，* 指 $p<0.05$。

图 4-12 为长、宽、高分别为 27 m、27 m、30 m，侧窗朝东的混合采光空间，南侧侧廊位置的 DA 值分布图，根据本书对空间进深的确定方法，此空间属于小进深空间，侧窗对此中庭采光效果影响较为明显。对于长、宽、高分别为 9 m、54 m、15 m，侧窗朝南的混合采光空间，根据本书对空间进深的确定方法，此空间属于大进深空间，在 3 倍空间高度位置外，即距离采光口 45 m 以外，侧窗对于 DA 值的影响可忽略。

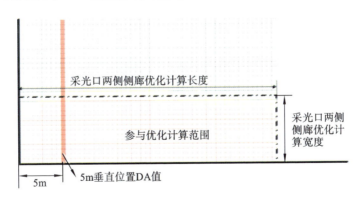

图 4-12 某小进深混合采光空间侧窗两侧侧廊 DA 值分布图

第五章　多目标性能优化

为了综合衡量室内购物街天然光环境的两项关键性能指标,整合与天然光环境设计相关的建筑空间设计和使用者的主观感受,结合指标权重、影响空间采光自治的设计因素及作用规律、场景亮度与主观满意度评价的影响关系,利用粒子群优化算法,建立室内购物街天然光环境多目标性能优化模型。

首先,根据关键性能指标提出优化设计目标,选择多目标粒子群优化算法进行优化计算;其次,依据粒子群优化算法计算步骤,基于线性加权的综合评价方法,制定了本优化设计计算流程;最后,利用 Grasshopper 参数化平台及 Matlab 编程软件开发辅助优化设计工具,构建以有效采光面积和空间光线分布水平为目标的综合性能优化模型,结合算例的设计约束条件,运用优化计算模型对典型采光空间的尺度设计展开探索,为优化设计应用提供参考。

第一节　优化设计目标及算法选择

基于前文的研究结果,提出综合优化设计目标,结合智能优化算法使用条件及运算特点,选择多目标粒子群优化算法,针对室内购物街天然光环境性能展开综合优化设计,为后文室内购物街天然光环境综合性能优化提供理论支持。

一、优化设计目标

光环境性能评价是认识和研究光环境的一种重要手段,也是正确决策的前提。根据本书第三、四、五章光环境关键性能指标选取及指标评价的相关研究结论可知,有效采光范围和光线分布水平是室内购物街天然光环境性能的两项最为关键的影响要素,所占权重分别为 0.1503 和 0.1808。反映两项影响要素的物理指标分别为采光自治和场景亮度,具体量化指标分别为采光自治达到 50% 的区域比例和场景平均亮度。

综合两个指标评价方法及权重,可用于单一方案采光性能评价或几个方案之间的对比评价。但在方案设计阶段,空间形态设计存在较大的模糊性和不确定性,设计方案的参数组合方式众多,难以保证所设计的室内购物街天然光环境性能最优。以室内购物街天然光环境综合性能评价为优化设计目标建立优化模型,利用优化模型对设计参数进行求解,能够解决采光性能目标最优化的问题,为方案决策提供参考。因此,本书针对两目标的综合优化问题展开研究。

针对两个指标相对于天然采光综合性能指标的权重 0.1503 和 0.1808 进行归一化处理,得出采光自治达到 50% 区域比例和场景平均亮度评价权重分别为 0.45 和 0.55。两个量化指标的数值变化方向与空间采光形态设计表现较为一致,即在场景平均亮度较高的空间中,采光自治达到 50% 的区域比例也会相应增加。在指标评价方面呈现出不同的变化趋势,采光自治达到 50% 的区域比例可直接根据达标百分比进行直接衡量,关系函数属于一次函数;场景平均亮度评价需根据主观满意度结果进行衡量,关系函数为二次曲线,如图 5-1 所示。因此,本书将借助智能优化算法针对室内购物街天然光环境性能最优化进行研究,以获得相应的空间设计参数。

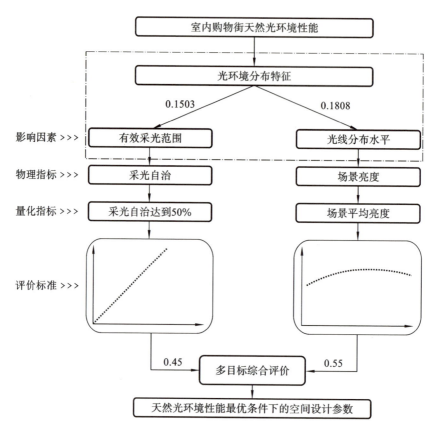

图 5-1 室内购物街天然光环境性能多目标综合评价

二、优化算法选择

最优化问题,就是在满足一定的约束条件下,使系统的某些性能指标达到最大或最小。现实世界中最优化问题普遍存在,由此产生了各种优化算法,通过优化算法帮助寻找一组参数值以满足某些最优性能[92]。智能优化计算方法较多,每种方法的模拟机理本质、智能特征和适用范围有所不同。

为了确定适宜本书的优化算法,针对以下 10 种常用优化算法的适用范围及特点进行对比,具体如下[93]。

(1)模拟退火算法:描述简单、使用灵活、运行效率高、受初始条件限制少,适用于大规模优化问题,在生产调度、控制工程、机器学习、神经网络等领域得到广泛应用,但返回一个高质量的近似解的时间较长。

(2)遗传算法:把决策变量的编码作为运算对象,进行整体空间的并行搜索,并且将重点集中于性能高的范围,能够以很大概率找到全局最优解,不易陷入局部极值,适合于维数较高、环境复杂、问题结构不十分清楚的情况。

(3)人工神经网:通过模拟人脑学习模式来达到解决问题的目的,学习没有改变单个神经元的结构和工作方式。具有自学习功能、联想存储功能和高速寻找优化解的能力,但容易陷入局部最优解。

(4)禁忌搜索算法:能够避免局部邻域搜索陷入局部最优,具有较高的求解质量和效率,但对初始解依赖性较强,迭代搜索过程是串行的。

(5)捕食搜索算法:通过设置全局搜索和局部搜索键变换的阈值来协调不同的搜索模式,分别应用于旅行商问题和超大规模集成电路设计问题。

(6)细菌觅食算法:基于群体的仿生随机搜索算法,应用于自适应控制领域、噪声干扰下的谐波估计问题等。

(7)蜂群算法:解决多维的和多模的优化问题,采用协同工作的机制,有较好的鲁棒性和广泛的适用性,但在接近全局最优解时,存在搜索速度变慢、种群多样性减少、陷入局部最优解等缺点。

(8)布谷鸟搜索算法:基于布谷鸟的巢寄生繁殖机理和莱维飞行搜索原理两个方面,与遗传算法和粒子群优化算法相比,算法简单、参数少、易于实现,但收敛速度偏慢,收敛精度不够高。

(9)蚁群算法:利用信息素相互传递信息来实现路径优化的机理,具有较强的鲁棒性,但生成初始解的速度过慢,搜索时间较长,易出现停滞现象。

(10)粒子群优化算法:模仿鸟类在觅食迁徙过程中个体与群体协调一

致的机理,通过群体最优方向、个体最优方向和惯性方向的协调来求解优化问题。

由于本书的优化问题是针对室内购物街采光空间的方案设计阶段,以主客观综合评价为目标,在采光空间设计变量阈值范围中寻求最优解。所涉及的影响参数和优化目标较少,对优化计算的精度要求较低,而且基于 Radiance 的光环境模拟时间较长。通过对比多种智能优化计算方法特点发现,粒子群优化算法是一种基于群体智能的随机全局优化思想,粒子通过不断地学习它所发现的群体最优解和邻居最优解,实现全局最优搜索[94]。具有收敛速度快、需要调整的参数较少、结构简单和易于实现的特点[95]。基于以上分析,综合本书优化计算特点和粒子群优化算法的特征,选择基于多目标粒子群优化算法,针对室内购物街天然光环境优化计算模型构建及应用展开深入研究。

粒子群优化计算中所涉及的基本概念及表达式如表 5-1 所示,本书中的优化计算参数设置详见后文中的参数设置。

表 5-1 粒子群优化算法基本概念及表达式

概　念	表　达　式	
由 n 个粒子组成的种群	$x = x_1, x_2, \cdots, x_n$	(4)
第 i 个粒子的 D 维向量	$x_i = (x_{i1}, x_{i2}, \cdots, x_{iD})^t$	(5)
第 i 个粒子的飞行速度	$v_i = (v_{i1}, v_{i2}, \cdots, v_{iD})^t$	(6)
个体极值	$p_i = (p_{i1}, p_{i2}, \cdots, p_{iD})^t$	(7)
全局极值	$p_g = (p_{g1}, p_{g2}, \cdots, p_{gD})^t$	(8)
粒子 i 的第 d 维速度更新值	$v_{id}^{k+1} = w v_{id}^k + c_1 r_1 (p_{id}^k - x_{id}^k) + c_2 r_2 (p_{gd}^k - x_{id}^k)$	(9)
粒子 i 的第 d 维位置更新值	$x_{id}^{k+1} = x_{id}^k + v_{id}^{k+1}$	(10)
惯性权重	$w = w_{max} - t_{cur} \dfrac{w_{max} - w_{min}}{t_{max}}$	(11)

粒子群优化算法计算流程如图 5-2 所示。执行优化计算的主要步骤包括参数设定、粒子适应度值确定、比较得出个体极值和全局极值、粒子速度和位置更新计算、终止条件判定等[96]。结合本书优化设计目标、目标函数值计算方法、粒子群优化算法等编制具体的室内购物街天然光环境多目标性能优化计算流程，详见本章第二节。

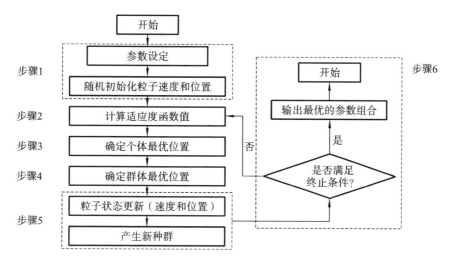

图 5-2　粒子群优化算法计算流程

第二节　基于粒子群算法的计算流程

根据多目标粒子群优化算法的基本计算流程，结合本书优化设计目标及评价方法，本节将制定符合室内购物街天然光环境性能优化设计的计算步骤，并对变量及阈值确定、个体计算模型生成、目标函数值计算三个主要计算步骤进行重点研究。

一、优化计算步骤

综合有效采光范围和场景亮度分布的优化设计目标以及各指标的性能评价方法,结合多目标粒子群优化算法基本流程,制定本书综合优化计算流程(如图5-3所示),主要包括以下几个步骤。

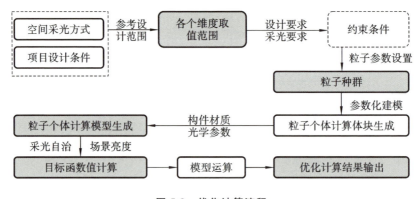

图5-3 优化计算流程

1. 确定取值范围

首先,根据空间采光方式和项目设计条件,参考本书调查所得参数取值范围,确定采光空间设计参数的样本空间,即设计变量的控制阈值。

2. 粒子个体计算体块生成

设置粒子群优化参数,生成粒子种群,得到粒子各个维度的参数值。

3. 粒子个体计算模型生成

根据粒子各个维度的参数值,采用 Grasshopper 参数化建模方法,根据每个粒子的参数组合生成建筑体块,并对各个构件赋予材质,生成粒子个体计算模型。

4. 目标函数值计算

对每个粒子模型采光自治和场景亮度的两个目标函数值和总目标函数

值进行计算。

5. 优化计算结果输出

执行粒子群优化计算,确定群体最优位置,输出计算结果,即完成优化计算,通过优化计算可获得最优粒子各个维度所对应的参数值。

二、计算变量及阈值确定

首先,根据本书第四章研究结论,筛选出影响采光自治的空间参数,包括采光井宽度、长度、高度、侧廊宽度。为了使优化计算所得空间参数能够符合空间利用特征,利用长宽比代替长度,以控制采光井平面的设计比例;为了便于对各层侧廊空间的采光指标进行计算,利用空间层数和平均层高代替空间高度。综上分析,在优化计算中,选择采光井宽度、长宽比、平均层高、采光空间层数和侧廊宽度作为优化计算变量。

其次,确定各个变量的控制阈值,在所限定变量范围内随机产生初始粒子,每个粒子可表示为:

$$x_i = (W_i, \text{PAR}_i, N_i, D_i, H_i) \tag{5.1}$$

式中,x_i——粒子,$x_i \in [a_n, b_n]$,$1 \leqslant n \leqslant 5$,$a_n$ 和 b_n 是向量坐标的下限和上限;

W_i——该粒子的采光井宽度(m);

PAR_i——该粒子的采光井长宽比;

N_i——该粒子的采光井层数(层);

D_i——该粒子的侧廊宽度(m);

H_i——该粒子的侧廊平均高度(m)。

本书根据中庭空间形态参数的调查结果,得出典型采光空间的参考变量设计阈值。

1. 顶部采光空间

顶部采光空间的洞口宽度阈值为 5.4~37.6 m,洞口平面比例多控制在

1:1～1:3。侧廊宽度阈值 2.4～11.2 m,推荐设计值大于 4 m。首层层高多为 5.4～6.5 m,其余地上层层高 5～5.5 m,综合中庭空间高度和顶层顶部采光空间层高设计参数,空间层数多控制在八层以下。由此,顶部采光空间优化设计参数的参考取值范围可表示为:

$W\_Range = [5.4, 37.6]$,采光井宽度参数 W 的变化范围;

$PAR\_Range = [1, 3]$,采光井长宽比参数 PAR 的变化范围;

$N\_Range = [1, 8]$,采光井层数参数 N 的变化范围;

$D\_Range = [4, 11.2]$,侧廊宽度参数 D 的变化范围;

$H\_Range = [5, 6.5]$,侧廊平均高度参数 H 的变化范围。

2. 单侧采光空间

根据中庭空间形态参数调查结果,单侧采光中庭宽度一般在 1～3 倍柱网宽度,尺寸为 9～27 m,长宽比多控制在 1:1～3:1。空间层数多与建筑地上层数一致,多控制在八层以下。单侧采光的入口、等候空间平面宽度为 1～3 个柱网宽度,宽度和进深比例控制在 1:1～1:2.5。由此,单侧采光空间优化设计参数的参考取值范围可表示为:

$W\_Range = [9, 27]$,采光井宽度参数 W 的变化范围;

$PAR\_Range = [1, 3]$,采光井长宽比参数 PAR 的变化范围;

$N\_Range = [1, 8]$,采光井层数参数 N 的变化范围;

$D\_Range = [4, 11.2]$,侧廊宽度参数 D 的变化范围;

$H\_Range = [5, 6.5]$,侧廊平均高度参数 H 的变化范围。

3. 混合采光空间

混合采光空间的空间位置及功能与单侧采光空间基本一致,尺度参数设置可参考单侧采光空间。混合采光空间中,主要利用天然光的区域为顶部采光底层正下方位置,根据模拟结果可知,此区域在常规参数设计范围内采光自治值均能达到 50% 以上。若采用常规设计,采光效果无特殊要求,则不需对混合采光空间设计参数进行筛选。

三、个体计算模型生成

(一)参数设置

粒子群优化算法在进行计算时,是对随机产生的 n 个粒子种群经过多次迭代计算寻求最优解,算法自身的运算速度是由粒子维度、粒子规模和迭代次数决定。本书粒子群算法的具体参数设置如下所示。

1. 群体大小

粒子数需根据具体问题进行设定,通常为 20~50。粒子数量越多,表明所搜索的空间范围越大,更加容易发现全局最优解,但由于每一代计算的粒子数增加,也会导致运算时间越长。由于本书是针对方案设计阶段的采光性能的优化设计,对精度和稳定性要求不高,为了减少运算时间,种群规模设置为 24。根据设计参数的取值范围和初始粒子种群数量,即可建立各个维度的初始粒子矩阵:Range=W_Range;PAR_Range;N_Range;D_Range;H_Range。

2. 加速常数 c_1 和 c_2

加速常数也称学习因子,用于计算粒子速度更新值。c_1 和 c_2 分别调节向个体最优解和全局最优解方向飞行的最大步长。c_1 和 c_2 过小会导致粒子徘徊在远离目标的区域,c_1 和 c_2 过大会导致粒子运动过快或越过目标区域。为了平衡个体经验和群体经验的影响力,本书取 $c_1=c_2=2$。

3. 随机函数 r_1 和 r_2

随机函数 r 用于计算粒子速度更新值,为 0~1 的随机数,用于增加粒子运动的随机性。

4. 惯性权重 w

惯性权重用于调节粒子速度更新值,通常情况下在 0.1~0.9,用于调节对解空间的搜索范围。惯性权重值决定当前粒子对上一代粒子速度的继承情况,用于平衡算法的收敛和探索能力。本书初始惯性权重默认为 0.9,最终惯性权重为 0.4,全部代数的 3/4 左右位置之后惯性权重不再变化。

5. 粒子最大更新速度 V_{max}

为了保证对样本空间的搜索力度,避免粒子更新速度过大可能使粒子飞过最优区域和更新速度过小可能无法对局部最优区域进行充分探索的问题,需通过粒子最大更新速度控制粒子最大位移。本模型选择最大更新速度范围为[-1,1]。

6. 迭代终止条件

一般设为最大迭代次数、计算精度或最优解的最大停滞步数。对优化模型进行试运算,迭代运算结果显示能够较快趋于稳定状态。综合考虑优化模型计算精度和运算时间,本书设置最大迭代次数为 50。迭代运算终止条件为运算次数达到 50 代或连续 10 代最优个体不变。

(二)模型生成

粒子模型生成主要包括以下两个步骤。

1. 体块生成

根据每个粒子各个维度参数,基于 Grasshopper 参数化设计平台,利用 Maths 中的 Script 面板下的 VB 电池运算器编写提取粒子参数和建立模型的脚本。

2. 赋予材质

利用 DIVA 中的 Set up 面板下的 Scene Object 电池运算器指定模型中各建筑构件材质,主要包括室外地面、室内地面、顶棚、墙体和玻璃。

完成个体计算模型建模工作后,即可针对模型的目标函数值展开计算。由于本书是针对室内购物街采光指标综合优化的初探性研究,因此,仅构建典型采光空间优化模型,其他条件下,当空间形式和采光形式与典型采光空间模型不一致时,可根据基本优化模型进行改写。

四、目标函数值计算

确定优化变量的计算范围后,随机生成一组优化变量数组,根据各个粒子所对应参数建立模型,依次对计算模型的目标函数进行求解,计算出适应度函数值。本书的目标函数包括两个,分别为采光自治评价值和场景亮度评价值,总目标函数为空间采光性能综合评价,本节将对各个目标函数和总目标函数的具体计算方法进行阐述。

(一)采光自治目标函数值计算

1. 模拟位置确定

在执行优化计算中,优化模型运行时间不仅受到优化算法自身运算特征的影响,函数值计算过程也是影响运算速度的重要方面。若目标函数值均可通过具体公式计算得到,则会在较短时间内完成优化计算,但本书的目标函数需通过计算机模拟获得,运算时间受到软件计算原理和参数设置的影响。本书所选 DIVA 光学模拟软件是利用反光线追踪法进行计算,计算场景亮度评价值时所模拟的场景数量和计算采光自治评价值时的测点数量会大大影响运算速度。因此,针对不同的目标函数提出相应的简化方法,以节省运算时间。

针对整体空间进行采光自治值计算时,测点数量过多,而且每个粒子都需要对相应数量的测点值进行计算。以顶部采光口为 20 m×20 m、侧廊宽度为 5 m 的三层空间为例,模拟网格设置为 0.5 m×0.5 m,模拟测点总计 6 100 个。在模型整体优化计算过程中,此网格数量仅为其中 1 个粒子的计算量,针对所有粒子进行计算会导致运算时间过长,大大降低优化运算效率。若根据本书第四章顶部采光空间采光特征值位置对测点位置进行筛选,同一粒子对应模型的测点数量为 121 个,能够明显提高优化运算速度。因此,为了减少计算测点数量,提高优化模型运算速度,在进行采光自治运算前,需根据采光空间特征值位置的 DA 值对模拟位置进行筛选。可采用本书第四章特征值位置的简化计算方法或者计算机模拟的方法获取特征值位置的 DA 值。

2.有效采光范围比例计算

在进行有效采光范围面积计算时,需对有关计算参数进行设定。网格尺寸建议值为 500 mm×500 mm;模拟精度选择中等"Medium";根据项目所在地点选择气象文件;天然光利用模拟时段为每天 8:00—18:00,全天 10 h,全年累计 3 650 h,计算步长为 60 min。

针对参与模拟计算的测点位置执行计算,得出所对应的 DA 值,根据不同采光条件下的采光自治分布特征,划分出 DA 值大于 50% 的区域,并将其所对应面积进行加和计算得出有效采光区域的总面积。不同采光条件下的计算方法示例如下所示。

(1)顶部采光空间。图 5-4 为采光井长、宽、高,分别为 19.6 m、14 m、20 m,侧廊宽度为 15 m 的顶部采光空间各层有效采光区域示意图,具体计算步骤如下所示。

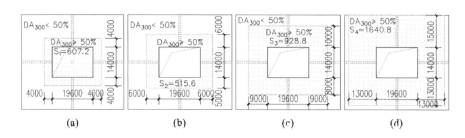

图 5-4 顶部采光空间有效采光区域示意图

(a) 一层;(b) 二层;(c) 三层;(d) 四层

①根据底层中心点 DA 值是否大于 50%,确定顶部采光口正下方底层位置是否为有效采光区域。

②计算中心点 DA 值大于 50% 所在层侧廊中垂线位置 DA 值，根据 DA 值为 50% 的测点绘制侧廊边线的平行线，侧廊平行线与侧廊边缘围合的"回"字形区域即侧廊有效采光区域。

③将各层有效采光区域进行加和。经计算，本案例有效采光区域面积为 3 692.4 m²，所占比例为 46.7%，则此空间采光自治单项指标得分为 46.7 分。

(2) 单侧采光空间。图 5-5 为采光口宽 18 m、高 15 m、进深 45 m，侧廊宽度为 15 m 的西侧采光空间各层有效采光区域示意图，执行计算步骤如下所示。

①计算采光口两侧侧廊 5 m 垂线位置和侧廊边缘位置的 DA 值，以确定模拟计算宽度和长度。

② 模拟计算底层侧窗中垂线位置，以及根据第一步所得出的两侧侧廊计算范围的 DA 值。

③底层采光口正对区域的有效采光范围，根据中轴线和侧廊边缘 DA 值为 50% 测点位置进行划分，如图 5-5(a) 所示；两侧侧廊超过 50% 的面积根据模拟计算结果确定。

④ 将各层有效采光区域进行加和。经计算，本案例有效采光区域面积为 1 712.5 m²，所占比例为 24.4%，则此空间采光自治单项指标得分为 24.4 分。

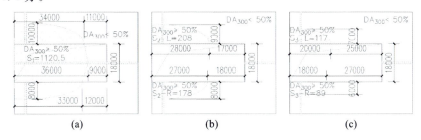

图 5-5　单侧采光空间有效采光区域示意图

(a) 一层；(b) 二层；(c) 三层

(3) 混合采光空间。图 5-6 为顶部采光口长 45 m、宽 18 m，侧面采光口宽 18 m、高 15 m，侧廊宽度为 15 m 的侧窗朝西的混合采光空间各层有效采光区域示意图。计算步骤如下所示。

①根据采光口两侧侧廊 5 m 垂线位置的采光自治值以及侧窗有效影响范围研究结果，确定侧廊计算宽度和计算长度。

②模拟计算底层中垂线和各层侧窗相对侧廊中垂线位置以及根据第一步所得出的两侧侧廊计算范围的 DA 值。

③进深方向的有效采光边界根据侧窗中垂线 DA 值为 50% 的测点位置进行确定；两侧侧廊则根据模拟计算中 DA 值超过 50% 面积进行计算。

④将各层有效采光区域进行加和。经计算，本案例有效采光区域面积为 6 115 m²，有效采光范围比例为 87.1%，则此空间采光自治单项指标得分为 87.1 分。

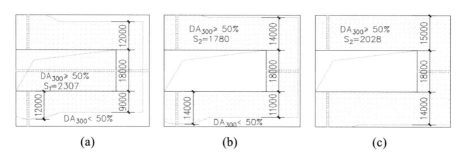

图 5-6 混合采光空间有效采光区域示意图
(a) 一层；(b) 二层；(c) 三层

(二) 场景亮度目标函数值计算

获取采光空间的高动态范围图像，根据有天然采光条件下的场景平均亮度与主观满意度的评价模型，计算采光空间场景平均亮度所对应的主观评价值，并采用插值法对主观评价值进行归一化处理，得出场景亮度目标函数值，具体计算步骤如下所示。

1. 高动态范围图像获取

由于空间场景信息较为复杂,通过手动计算和实测获得一段时间内的场景平均亮度较难实现,需借助计算机模拟获取指标值。运用 DIVA for Grasshopper 平台执行场景亮度参数化模拟流程,模拟鱼眼镜头步骤,所需设定参数包括高动态范围图像质量、天空和相机。

(1) 图像质量。从准确度和计算时间方面综合考量,优化模型的模拟质量选择中等"Medial"。

(2) 天空参数。在设置天空参数时,理论上可模拟逐时场景亮度,但高动态范围图像是利用反光线追踪法计算图中每个像素点所对应的亮度值,对于商业建筑全年可利用天然光时间为 3 650 h,所需计算数据量过大,对计算机性能要求和运算时间要求过高,宜选择典型时间进行计算[97,98]。3 月 21—22 日,9 月 21—22 日的日地距离处于全年平均位置[99],据此选择其中 1 天作为典型时间。本优化模型选择 9 月 21 日 9:00—18:00 的整点时刻进行场景平均亮度计算,每个场景高动态采光图像共 10 张。天空类型选择 "Perez from weather",相对其他天空类型精度较高。

(3) 相机参数设置。相机参数设置包括镜头设置和视线确定。由于鱼眼镜头视野可以包括人眼视野范围,采集的光环境信息较多。因此,选择鱼眼视角"Fisheye Angular"进行模拟。不同采光空间的视点视线确定方法如下所示。

顶部采光空间的主要天然采光区域为采光口正下方空间。因此,选择各层侧廊中垂线的中点位置作为视点,视线方向面向采光井。4 个视点及视线的平面位置示意图如图 5-7(a)所示,视点距离各层楼地面 1.5 m。在模拟计算前,需利用采光自治值是否达到 50% 对参与场景亮度评价的模拟场景进行筛选,若未达到则属于非有效采光空间,空间天然光无法作为主要照明光源,因此,计算中需排除此类空间。

单侧采光空间和混合采光空间的主要天然采光区域为顶部采光口正下

方和侧面采光口正对区域,因此,所选视点位于采光井3边侧廊中垂线的中点位置,视线方向面向采光井,3个视点及视线的平面位置示意图如图5-7(b)所示,视点距离各层楼地面1.5 m。

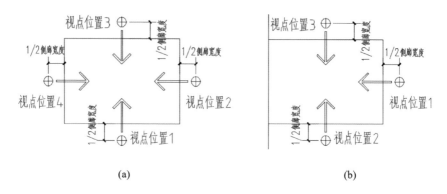

图 5-7 典型采光空间光环境评价的场景视角选择
(a) 顶部采光空间;(b) 单侧采光空间和混合采光空间

2. 场景平均亮度值提取

本优化模型是基于Grasshopper平台的,但目前DIVA for Grasshopper中的高动态范围图像模拟主要是针对Radiance采光计算结果的可视化,还未包含亮度数据输出的运算器,即仅能输出HDR图像,无法输出亮度平均值。需编辑场景亮度数据读取运算器。

Inanici(2006)研究中提到,利用计算机编程实现了对HDR图像进行分析,称为HDRLab。采用Matlab编写的,允许用户提取和处理从HDR图像中保存的每个像素的光照数据,这些数据保存在Radiance RGBE格式中。根据标准颜色空间sRGB参考基色,10个CIE标准光源D65和CIE标准比色观测仪(28个视场)对每个像素的CIE XYZ值进行量化[60]。在此基础上,发展出了多种高动态图像分析工具,例如 HDRscoper、Photosphere、Evaglare、Aftab alpha等。

为了解决HDR图像不能直接在DIVA for Grasshopper实现数据读取的问题,本书利用Grasshopper中的VB语言运算器编写脚本,调用

Radiance 中的 Evaglare 读取 HDR 图像,计算场景平均亮度值。Evaglare 是 Radiance 的基础工具,是本书中现场调查所采用的 HDR 图像分析软件 Aftab alpha 的主要引擎,由 Jan Wienold 开发,此程序能够读取 Radiance 图像格式的 180°鱼眼图像的亮度数值,例如". pic"或". hdr."格式[88]。参照 Radiance 手册中的 Evaglare 代码进行编写[100]。本书所涉及的主要代码及代表意义如下所示。

—d:详细输出选择。

—vta:鱼眼视图。

—vv 180:水平视角范围为 180°。

—vh 180:垂直视角范围为 180°。

Avg = pieces:HDR 图像的平均亮度值。

3. 目标函数值计算

首先,计算出每层各个视角 HDR 图像的场景平均亮度的平均值;其次,根据场景平均亮度与主观满意度计算模型,计算每层的主观满意度评价值得分;最后,计算各层主观满意度的平均得分,即得到整体空间的主观满意度评价值。

为了能够与采光自治评价值统一在同一参考系下,还需要对主观满意度评价值进行归一化处理。由于计算模型主观满意度评价极值为[4.03,1],综合评价中采用百分制,因此,将评价极值进行归一化处理后对应值为[100,0],根据线性插值法计算目标函数值,结合所得计算模型,即可推导出空间光线分布性能评价的目标函数 $f_2(x)$ 计算公式:

$$f_2(x) = 100(\text{SSE}_{\text{daylight}} - 1)/3.03 = -33.94 L_{\text{mean}}^2 + 67.82 L_{\text{mean}} + 66.11$$

(5.2)

式中,$f_2(x)$——空间光线分布评价的目标函数;

$\text{SSE}_{\text{daylight}}$——主观满意度评价得分;

L_{mean}——场景平均亮度(kcd/m²)。

(三)总目标函数值计算

所谓优化问题,就是在所有可能解中选出一个最为合理的且能达到目标最优的解,这个解便是最优解。优化问题根据目标选取数量的不同,可分为单目标优化问题和多目标优化问题。多目标优化方法是将各个目标聚合成一个带有权重系数的单目标函数,最为常用的是加权法,其基本思想是通过每个目标函数分配一个权系数,然后线性组合成一个单目标函数[101]。针对采光空间有效采光范围和空间光线分布水平的多目标综合评价,两者所占权重分别为 0.45 和 0.55。运用加权法,建立综合性能评价的目标函数,如式(5.3)所示:

$$f(x) = 0.45 f_1(x) + 0.55 f_2(x) \tag{5.3}$$

式中,$f(x)$——综合评价值;

$f_1(x)$——采光自治指标评价的目标函数值;

$f_2(x)$——场景亮度指标评价的目标函数值。

综合采光自治和场景亮度评价的计算公式,总目标函数值(The total objective function value,TOFV),是以空间采光自治 $sDA_{300\ lx[50\%]}$ 和场景平均亮度 L_{mean} 为自变量的二元方程,如式(5.4)所示:

$$TOFV = 45 sDA_{300\ lx[50\%]} - 18.67 L_{mean}^2 + 37.3 L_{mean} + 36.36 \tag{5.4}$$

式中,TOFV——总目标函数值;

$sDA_{300\ lx[50\%]}$——50%时间达到或超过 300 lx 的区域百分比;

L_{mean}——场景平均亮度(kcd/m^2)。

为了便于更为直观地了解函数变量之间的影响关系,绘制采光性能综合评价的函数图像,具体步骤如下所示。

1. 设定自变量取值范围

自变量 $sDA_{300\ lx[50\%]}$ 和 L_{mean} 起始值均为 0,终止值分别为 1 和 2.7。

2. 生成矩阵

根据采光性能综合评价计算公式随机生成 100×100 数据矩阵,前 20×

20 范围内采光性能综合评价值如图 5-8 所示。

	2	3	4	5	6	7	8	9	10	11	12	13	14	15	16	17	18	19	20
1	0.3681	0.3727	0.3772	0.3817	0.3863	0.3908	0.3954	0.3999	0.4045	0.4090	0.4136	0.4181	0.4227	0.4272	0.4317	0.4363	0.4408	0.4454	0.4499
2	0.3781	0.3827	0.3872	0.3918	0.3963	0.4009	0.4054	0.41	0.4145	0.4190	0.4236	0.4281	0.4327	0.4372	0.4418	0.4463	0.4509	0.4554	0.46
3	0.3879	0.3924	0.3970	0.4015	0.4061	0.4106	0.4152	0.4197	0.4243	0.4288	0.4334	0.4379	0.4424	0.4470	0.4515	0.4561	0.4606	0.4652	0.4697
4	0.3974	0.4019	0.4065	0.4110	0.4156	0.4201	0.4246	0.4292	0.4337	0.4383	0.4428	0.4474	0.4519	0.4565	0.4610	0.4656	0.4701	0.4746	0.4792
5	0.4066	0.4111	0.4157	0.4202	0.4248	0.4293	0.4338	0.4384	0.4429	0.4475	0.4520	0.4566	0.4611	0.4657	0.4702	0.4748	0.4793	0.4838	0.4884
6	0.4155	0.4200	0.4246	0.4291	0.4337	0.4382	0.4428	0.4473	0.4519	0.4564	0.461	0.4655	0.4700	0.4746	0.4791	0.4837	0.4882	0.4928	0.4973
7	0.4241	0.4287	0.4332	0.4378	0.4423	0.4469	0.4514	0.4560	0.4605	0.4651	0.4696	0.4741	0.4787	0.4832	0.4878	0.4923	0.4969	0.5014	0.5060
8	0.4325	0.4371	0.4416	0.4461	0.4507	0.4552	0.4598	0.4643	0.4689	0.4734	0.4780	0.4825	0.4871	0.4916	0.4961	0.5007	0.5052	0.5098	0.5143
9	0.4406	0.4451	0.4497	0.4542	0.4588	0.4633	0.4679	0.4724	0.4770	0.4815	0.4861	0.4906	0.4951	0.4997	0.5042	0.5088	0.5133	0.5179	0.5224
10	0.4484	0.4530	0.4575	0.4621	0.4666	0.4711	0.4757	0.4802	0.4848	0.4893	0.4939	0.4984	0.5030	0.5075	0.5121	0.5166	0.5211	0.5257	0.5302
11	0.456	0.4605	0.4650	0.4696	0.4741	0.4787	0.4832	0.4878	0.4923	0.4969	0.5014	0.506	0.5105	0.5150	0.5196	0.5241	0.5287	0.5332	0.5378
12	0.4632	0.4678	0.4723	0.4768	0.4814	0.4859	0.4905	0.4950	0.4996	0.5041	0.5087	0.5132	0.5178	0.5223	0.5268	0.5314	0.5359	0.5405	0.5450
13	0.4702	0.4747	0.4793	0.4838	0.4884	0.4929	0.4975	0.5020	0.5066	0.5111	0.5156	0.5202	0.5247	0.5293	0.5338	0.5384	0.5429	0.5475	0.5520
14	0.4769	0.4814	0.4860	0.4905	0.4951	0.4996	0.5042	0.5087	0.5133	0.5178	0.5223	0.5269	0.5314	0.5360	0.5405	0.5451	0.5496	0.5542	0.5587
15	0.4833	0.4879	0.4924	0.497	0.5015	0.5060	0.5106	0.5151	0.5197	0.5242	0.5288	0.5333	0.5379	0.5424	0.547	0.5515	0.5560	0.5606	0.5651
16	0.4895	0.4940	0.4986	0.5031	0.5076	0.5122	0.5167	0.5213	0.5258	0.5304	0.5349	0.5395	0.5440	0.5486	0.5531	0.5576	0.5622	0.5667	0.5713
17	0.4953	0.4999	0.5044	0.5090	0.5135	0.5181	0.5226	0.5271	0.5317	0.5362	0.5408	0.5453	0.5499	0.5544	0.5590	0.5635	0.5681	0.5726	0.5771
18	0.5009	0.5055	0.5100	0.5146	0.5191	0.5236	0.5282	0.5327	0.5373	0.5418	0.5464	0.5509	0.5555	0.5600	0.5646	0.5691	0.5736	0.5782	0.5827
19	0.5062	0.5108	0.5153	0.5199	0.5244	0.5290	0.5335	0.5381	0.5426	0.5471	0.5517	0.5562	0.5608	0.5653	0.5699	0.5744	0.5790	0.5835	0.5881
20	0.5113	0.5158	0.5204	0.5249	0.5295	0.5340	0.5385	0.5431	0.5476	0.5522	0.5567	0.5613	0.5658	0.5704	0.5749	0.5795	0.5840	0.5885	0.5931

图 5-8 采光性能综合评价数据矩阵示意图

3. 函数图像绘制

根据数据矩阵绘制三维函数图像,如图 5-9 所示。X 轴和 Y 轴分别为 50% 时间达到或超过 300 lx 的区域比例 $sDA_{300\ lx[50\%]}$ 值和场景平均亮度值 L_{mean},Z 轴为采光性能综合评价值 TOFV。

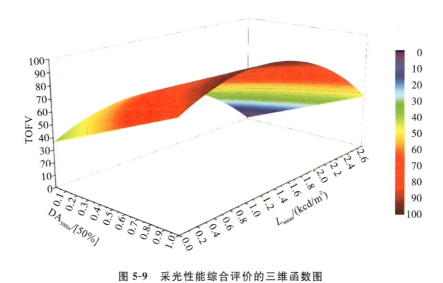

图 5-9 采光性能综合评价的三维函数图

第三节　优化计算模型构建及其应用

基于多目标粒子群优化算法的计算流程，运用 Grasshopper 平台，采用 Matlab 编程语言，构建了 3 种典型采光空间的优化计算模型，并通过算例计算，对优化模型的可行性进行了验证。

一、优化计算模型构建

基于室内购物街天然光环境优化设计特征，采用 Grasshopper 平台和 Matlab 软件，编制采光模拟运算程序和粒子群优化运算程序。Grasshopper 平台负责模型生成和目标函数值计算。Matlab 软件负责粒子群优化计算和执行自动运算，包括确定模型设计参数值和判断最优解。由 Matlab 端口开始执行运算，具体工作流程如图 5-10 所示。

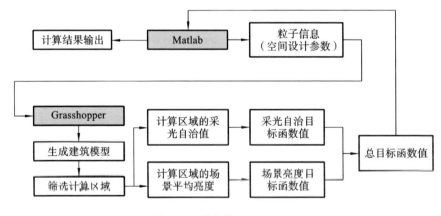

图 5-10　优化模型工作流程

(一)采光模拟计算程序

基于 Grasshopper 平台编制采光模拟运算程序,主要完成采光空间参数化建模和适应度函数计算。利用 VB 语言编写 3 种典型采光空间的建模代码,详见附录 C。

执行优化计算时,用户需打开 Rhino 和 Grasshopper 相应程序文件。Rhino 界面主要用于观察计算粒子空间模型。基于 Grasshopper 平台编制的顶部采光空间、单侧采光空间和混合采光空间的采光指标模拟运算程序分别如图 5-11、图 5-12 和图 5-13 所示。

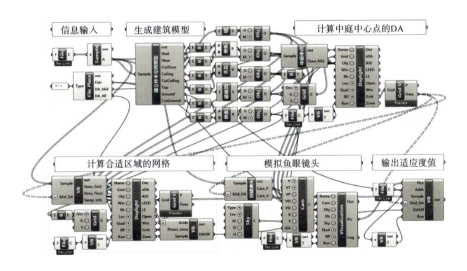

图 5-11 顶部采光空间采光模拟运算程序

(二)粒子群优化计算程序

采用 Matlab 编程软件编制粒子群优化计算程序,主要负责完成粒子种群生成、适应度函数极值筛选和自动执行运算任务,粒子群优化算法代码详见附录 D。

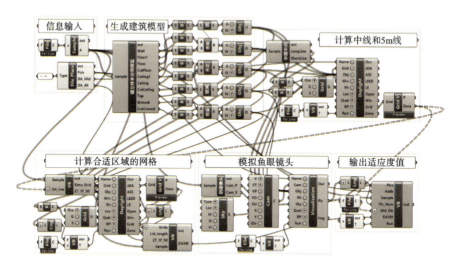

图 5-12 单侧采光空间采光模拟运算程序

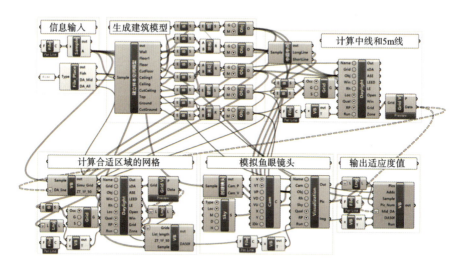

图 5-13 混合采光空间采光模拟运算程序

Matlab 操作界面示意图如图 5-14 所示。在进行优化计算时，首先，用户需按照空间采光形式，选择相应的粒子群优化代码，并根据设计约束条件，在编辑器窗口中输入参数阈值范围；其次，点击菜单窗口的"运行"按钮，即开始执行运算；最后，完成优化计算后，在命令行窗口即可查看优化计算结果。

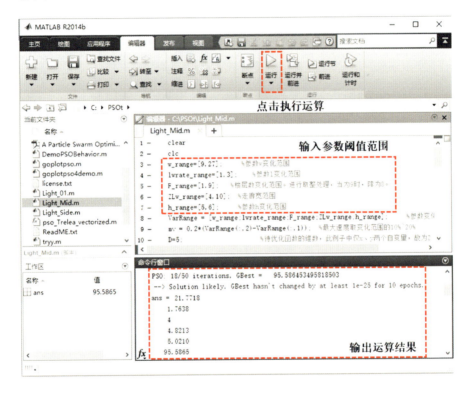

图 5-14　Matlab 操作界面示意图

二、优化计算模型应用

(一)初始条件设定

为了探索 3 种典型采光空间优化计算结果之间的差别，选择初始条件一致的空间尺度阈值进行优化计算。结合本书第二章典型采光空间尺度设计范围的调查结果，选择算例空间的采光井平面宽度为 9～27 m，长宽比为

1:1～3:1,平均层高范围为 5～6 m,层数为 1～8 层,侧廊宽为 4～10 m。即优化设计各个维度的取值范围为:

W_Range=[6,27],采光井宽度参数 W 的变化范围;

PAR_Range=[1,3],采光井长宽比参数 PAR 的变化范围;

N_Range=[1,8],采光井层数参数 N 的变化范围;

D_Range=[4,10],侧廊宽度参数 D 的变化范围;

H_Range=[5,6],侧廊平均高度参数 H 的变化范围。

为了便于方案间对比分析,侧窗朝向均选定为南向采光,采用长边采光和短边采光情况定为随机。顶部采光空间平面示意图、单侧及混合采光空间平面示意图、3 种典型采光空间剖面示意图分别如图 5-15、图 5-16、图 5-17 所示。

图 5-15 顶部采光空间平面示意图

图 5-16 单侧及混合采光空间
平面示意图

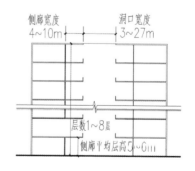

图 5-17 典型采光空间剖面示意图

根据前文所建立的优化计算模型执行计算。以顶部采光空间优化计算为例,具体过程如下所示。

1.打开计算程序

运行 Rhino for Grasshopper 和 Matlab 软件,并打开顶部采光空间的采光模拟计算程序(如图 5-11 所示)和粒子群优化计算程序(如图 5-14 所示)。

2.输入参数阈值

在 Matlab 编辑器窗口,输入各个维度空间参数阈值,本案例设置如图 5-18 所示。

图 5-18 空间参数阈值设置

3.执行运算

点击 Matlab 界面"运行"按钮,即开始执行优化计算。

4.计算过程可视化

在进行计算过程时,用户可通过 Rhino 界面实现运算模型的可视化,如图 5-19 所示;可通过 Matlab 图形实现逐代计算结果的可视化,如图 5-20 所示。

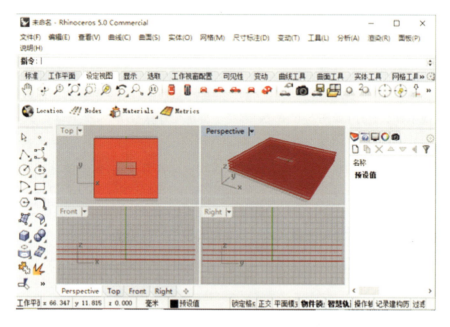

图 5-19　计算模型可视化窗口

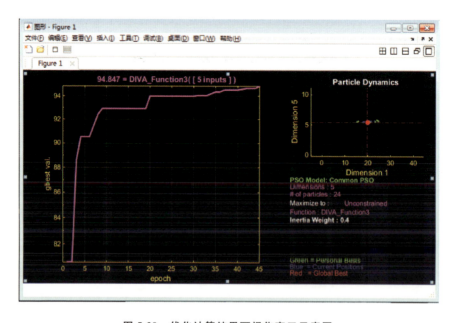

图 5-20　优化计算结果可视化窗口示意图

5. 结果输出

达到迭代终止条件,程序则自动停止运算,即完成优化计算。在 Matlab 命令行窗口查看计算结果。本算例计算结果如图 5-21 所示。

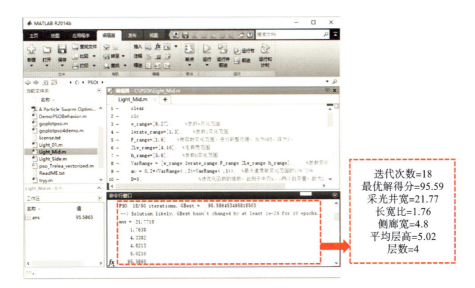

图 5-21 计算结果输出界面

(二)优化计算结果输出

经优化计算后,得出 3 种典型采光空间的优化计算结果,并对其相应的空间特征进行分析,具体如下所示。

1. 顶部采光空间

优化计算的总目标函数值随迭代次数变化规律如图 5-22 所示。根据优化模型的运算结果可知,当迭代次数为 18 代时,最优解不变。评价最优值为 95.59 分。

顶部采光空间优化设计方案如图 5-23 所示。输出的采光井平面宽度为 21.77 m,长宽比为 1.76:1,即长度为 38.32 m;侧廊宽为 4.80 m,平均层高

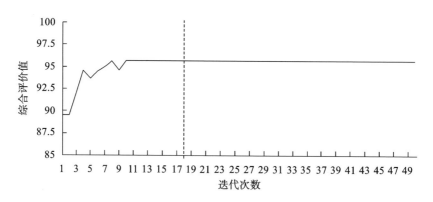

图 5-22　顶部采光空间的最优综合评价值随迭代次数变化规律

为 5.02 m,层数为四层。即采光井平面面积约为 834.23 m²,空间高度为 20.08 m,宽高比约为 1.08:1。将优化计算结果与空间设计参数调查结果进行对比分析,从平面设计角度看,采光井平面面积与主中庭常规设计尺度 (450~800 m²)较为接近,但尺度偏大。从剖面设计角度看,采光井宽高比接近 1,给人的空间感受属于"适中"。

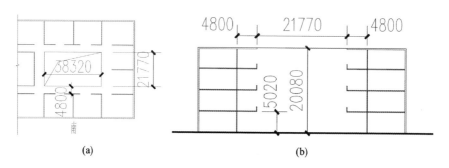

图 5-23　顶部采光空间优化设计方案

(a) 平面图;(b) 剖面图

2. 单侧采光空间

优化计算的总目标函数值随迭代次数变化规律如图 5-24 所示。根据优化模型的运算结果可知,当迭代次数为 7 代时,最优解不变,收敛速度较快。评价最优值为 89.46 分。

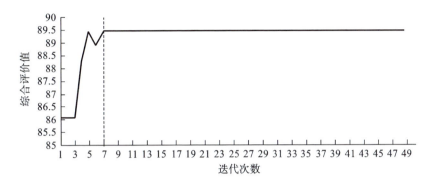

图 5-24　单侧采光空间的最优综合评价值随迭代次数变化规律

单侧采光空间优化设计方案如图 5-25 所示。输出的采光井平面宽度为 16.20 m，长宽比为 1.37∶1，即长度为 22.19 m；侧廊宽为 4.80 m，平均层高为 5.19 m，层数为五层。采光井平面面积约为 359.54 m²，空间高度为 25.95 m，宽高比约为 0.62∶1。将优化计算结果空间设计参数调查结果进行对比分析，从平面设计角度看，采光井平面面积属于次中庭的常规设计尺度（300～400 m²）范围，空间面积属于"中等"。从剖面设计角度看，采光井宽高比小于 0.8，给人的空间感受较为"狭窄"。

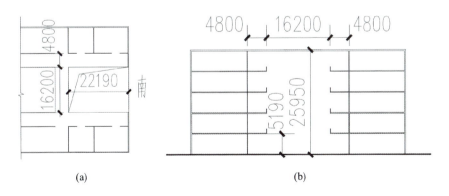

图 5-25　单侧采光空间优化设计方案

(a) 平面图；(b) 剖面图

3. 混合采光空间

优化计算的总目标函数值随迭代次数变化规律如图 5-26 所示。根据优化模型的运算结果可知,混合采光空间的迭代运算在最大运算次数 50 代内未达到收敛,因此,其优化运算终止条件为运算次数达到 50 代,收敛速度较慢。评价最优值为 94.88 分。

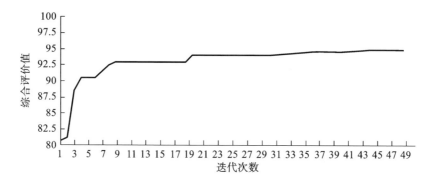

图 5-26 混合采光空间的最优综合评价值随迭代次数变化规律

混合采光空间优化设计方案如图 5-27 所示。输出的采光井平面宽度为 19.80 m、长宽比为 3∶1,即长度为 59.40 m;侧廊宽为 6.26 m,平均层高为 5.51 m,层数为三层。采光井平面面积约为 1 176.12 m²,空间高度为 16.53 m,宽高比约为 1.2∶1。将优化计算结果与空间设计参数调查结果进行对比分析,从平面设计角度看,采光井平面面积超过主中庭的常规最大设计尺度(800 m²)约 400 m²,空间面积超出范围较大。从剖面设计角度看,采光井宽高比大于1,给人的空间感受较为"宽敞"。

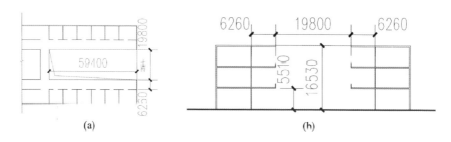

图 5-27 混合采光空间优化设计方案

(a) 平面图;(b) 剖面图

综合 3 种典型采光空间的天然光环境性能多目标优化计算结果可知,顶部采光空间和混合采光空间优化计算结果的综合评价值得分较高,均在 95 分左右,单侧采光空间得分较低,接近 90 分。因此,从采光性能优化设计角度,建议优先选用顶部采光和混合采光形式。另外,优化计算得出单侧采光空间和混合采光空间的侧窗位置均为宽度方向,相对侧窗的空间纵深较大,这种空间形态有利于将人流引入空间内部,能够使空间采光性能和使用功能得到充分发挥。

附录 A 大型商场建筑主观调查问卷

大型商场建筑主观调查问卷(附平面图)

调查地点:____省____市 商场名称:_____ 问卷编号:J—2—____

调查人:_____ 填表日期:202____年____月____日

天气条件:_____ 调查位置:_____点

第一部分:整体调查

1.您今天来到商场中已经多久了?

A.1 h以内 B.1~2 h C.2~3 h D.3~4 h E.4 h以上

2.您这次来这里的目的?

A.购物 B.随便逛逛 C.路过 D.等人或等车

E.用餐 F.休闲 G.工作 H.其他_____

3.您认为以下各项环境指标哪一项重要(可多选):

A.空间环境 B.声环境 C.光环境 D.温度

E.通风 F.空气质量 G.视觉环境

4.请描述您对当前周边环境的感受(请在对应选项处打勾√):

	−3	−2	−1	0	1	2	3
当前空间	十分拥挤	拥挤	较拥挤	正好	较宽敞	宽敞	十分宽敞
光环境	过暗	暗	偏暗	正好	偏亮	亮	过亮
温度	很冷	冷	有点冷	正好	有点热	热	很热
空气湿度	太干燥	干燥	有点干燥	正好	有点潮湿	潮湿	太潮湿

续表

	−3	−2	−1	0	1	2	3
通风	很闷	闷	有点闷	正好	有点风	有风	风偏大
声环境	太安静	安静	较安静	正好	有点吵	吵	太吵

5.请对整体环境做一下评价：

舒适度：

接受程度：A.不能接受　B.能接受

−2	−1	0	1	2
很不舒适	不舒适	一般	比较舒适	很舒适

6.对于商场的室内环境,您希望改善下列哪一项(可多选)：

A.声环境　B.光环境　C.温度　D.通风　E.空气质量

F.视觉环境　G.空间环境　H.其他_____

7.空间布局调查

	−2	−1	0	1
您对本商场的空间布局是否满意？	很不满意	不满意	一般	满意
您感觉本商场的规模感觉如何？	太小	较小	适中	较大
您感觉本商场的功能完善程度如何？	不完善	不够完善	一般	较完善

8.您希望本商场以下哪种空间类型的面积需要增加(可多选)_____

A.餐饮　B.娱乐　C.公共休息　D.观影　E.超市　F.停车

G.共享空间　H.展示空间　I.其他_____

9.请描述您商场各个功能空间的感受

	−3	−2	−1	0	1	2	3
入口空间	十分拥挤	拥挤	较拥挤	正好	较宽敞	宽敞	十分宽敞
中庭空间	十分拥挤	拥挤	较拥挤	正好	较宽敞	宽敞	十分宽敞

续表

	−3	−2	−1	0	1	2	3
购物空间	十分拥挤	拥挤	较拥挤	正好	较宽敞	宽敞	十分宽敞
交通空间	十分拥挤	拥挤	较拥挤	正好	较宽敞	宽敞	十分宽敞
卫生间等待空间	十分拥挤	拥挤	较拥挤	正好	较宽敞	宽敞	十分宽敞
休息空间	十分拥挤	拥挤	较拥挤	正好	较宽敞	宽敞	十分宽敞
餐饮空间	十分拥挤	拥挤	较拥挤	正好	较宽敞	宽敞	十分宽敞
体验空间(体验展示)	十分拥挤	拥挤	较拥挤	正好	较宽敞	宽敞	十分宽敞

第二部分:光环境分项调查

1.您认为商场自然采光是否重要:□是　□否,如果是,选择其有何重要性?(可多选)

　　A.健康　B.缓解疲劳　C.使人心情舒畅　D.提升空间品质

　　E.活跃空间　F.节能　G.改善空气品质　H.其他

2.当您选择商场购物或休闲娱乐时,会将光环境作为选择依据吗?

　　A.会　B.不会　C.不一定

3.您认为大型商场的光环境与消费水平关系?

−2	−1	0	1	2
不相关	几乎没关系	一般	有关系	关系密切

如果相关,您认为消费水平高的商场其光环境特点是:

　　A.光线柔和　B.比较亮　C.光线均匀

　　D.自然采光多　E.其他_____

4.您认为影响室内光环境舒适度的重要因素是(可多选):

　　A.光的照度　B.光源方向　C.光源温度　D.自然采光比例

　　E.人工照明设计　F.室内色彩配置　G.明暗对比

　　H.丰富的空间形态　I.其他_____

5.商场内的自然采光您更喜欢以下哪种采光方式(可多选):

附录 A 大型商场建筑主观调查问卷

A.采光屋面　B.天窗（面积较小）　C.高侧窗　D.低侧窗

E.中侧窗　F.玻璃幕墙　G.无所谓

6.您认为本商场整体的自然采光比例是否需要增加　□是　□否

7.您认为在以下哪类空间中需要引入大面积整体式采光的空间类型有（多选）_____

需要引入间隔式的小窗口采光的有（多选）_____

A.中庭　B.休息区　C.化妆品区　D.手表区　E.珠宝区　F.服装区
G.鞋区　H.体验区　I.主题店铺　J.餐饮　K.公共交通　L.洗手间
M.门厅　N.过厅　P.家电区　Q.家具区　R.装饰品区　S.文教用品区
T.儿童用品区　U.其他

大面积整体式采光　　　　　　　间隔式的小窗口采光

您认为大型商场卖场空间步行多少米就需要有一处自然采光口_____

8.如果中庭采取以下几种布置方式中，您最喜欢哪种自然采光方式（可多选）_____

A.单向型　B.双向型　C.三向型　D.四向型　E.条形　F.基座型

原因是：A.有助于避免视觉疲劳　B.自然采光效果好

C.可以避免眩光　D.希望看到室外景观　E.其他

9.请问您对现在所在地方的光环境满意吗？

(调查者应在图纸中标出测点位置,并与问卷对应)

-2	-1	0	1	2
非常不满意	不满意	一般	满意	非常满意

10. 您是否希望在此引入自然光　□是　□否

11. 此处您所期望的光照状况是:

　　A. 期望暗一些　B. 保持不变　C. 期望亮一些

12. 对于人工照明您喜欢哪种照明方式:

　　A. 点光源　B. 线光源　C. 面光源

13. 人工照明产生的灯具眩光和地面眩光是否会影响您的购物质量?

　　□是　□否

面光源　线光源　点光源

第三部分:声环境

1. 请描述在商场中,您听到了哪些声音(多选,在听到的声音前打勾),并对它们做出评价

	-3	-2	-1	0	1	2	3
	很不舒适	不舒适	较不舒适	一般	较舒适	舒适	很舒适
背景音乐声							
店铺音乐声							
商场广播声							
叫卖声							
交谈声							

续表

	−3 很不舒适	−2 不舒适	−1 较不舒适	0 一般	1 较舒适	2 舒适	3 很舒适
脚步声							
空调声							
自动扶梯声							
水声							
手机铃声							
儿童叫喊声							
其他_____							

2.请您评价此刻对整体声音环境的满意度：

−2	−1	0	1	2
非常不满意	不满意	一般	满意	非常满意

第四部分:视觉环境调查

1.请您评价此刻对整体视觉环境的满意度：

−2	−1	0	1	2
非常不满意	不满意	一般	满意	非常满意

2.您认为在商场中庭中设计中视觉舒适的重要因素是?

A.色彩构成　B.灯光布置　C.阳光　D.材质　E.绿色植物

F.水体　G.装修主题　H.人群行为　I.其他

3.您认为商场的视觉环境与消费水平有关吗?

−2	−1	0	1	2
不相关	几乎没关系	一般	有关系	关系密切

如果相关,您认为消费水平高的商场其视觉环境特点是：

A.商品密度小　B.室内装修有设计感　C.自然景观多

D.人群密度小　E.其他_____

4.请描述您对此时此地的视觉环境要素舒适度进行评价(多选,在看到的视觉要素前打勾)

	−3 很不舒适	−2 不舒适	−1 较不舒适	0 一般	1 较舒适	2 舒适	3 很舒适
色彩构成							
灯光布置							
阳光							
材质							
绿色植物							
水体							
装修主题							
装修设计							
人群行为							
货品摆放							
其他_____							

第五部分:热环境

1.请您对此刻的热环境舒适度进行评价

−3	−2	−1	0	1	2	3
很不舒适	不舒适	较不舒适	一般	较舒适	舒适	很舒适

2.您对本位置热舒适环境的接受程度?

A.接受　B.不接受

3.您认为影响室内热舒适的最大因素是:

A.温度　B.湿度　C.风速　D.空气新鲜度

E.活动强度　F.衣着状况　G.其他

4.你觉得商场内最冷的位置_____最热的位置_____

受访人基本资料

性别:男/女

教育程度:A.初中及以下　B.高中及中专　C.本科及大专　D.硕士及以上

年龄:A.17岁以下　B.18~28岁　C.29~40岁　D.36~45岁　E.41~65岁　F.66岁以上

职业:企事业管理/技术人员/商场管理/商场服务/农林牧渔生产/教育/军人/学生/其他_____

在此地居住时间:_____年

活动状态:坐着/站着/走动

是否负重:背包/手提包/购物袋/无

上装:穿着保暖外套/穿着保温的上装(毛衫、绒衫)/长袖单衣/短袖单衣

下装:羽绒棉裤/棉裤/毛裤/绒裤/线裤/牛仔裤/休闲裤/皮裤/短裤/裙子/其他_____

鞋:厚棉鞋/二棉鞋/单鞋/凉鞋/其他_____

附录 B 室内购物街天然光环境性能影响因素权重专家调查问卷

尊敬的 _____ 专家：

您好！非常感谢您参与"室内购物街天然光环境综合性能评价"指标权重调查，此调查需要专家对比任意两个指标对上一级指标影响的重要程度，根据重要性含义，选择对应标度，具体如附表 B.1 所示。

附表 B.1 两两指标相对重要性标度及含义

标度	含义	标度	含义
1	B_i 跟 B_j 比较，重要性相同	1/3	B_i 跟 B_j 比较，后者稍微重要
3	B_i 跟 B_j 比较，前者稍微重要	1/5	B_i 跟 B_j 比较，后者明显重要
5	B_i 跟 B_j 比较，前者明显重要	1/7	B_i 跟 B_j 比较，后者强烈重要
7	B_i 跟 B_j 比较，前者强烈重要	1/9	B_i 跟 B_j 比较，后者绝对重要
9	B_i 跟 B_j 比较，前者绝对重要	1/2、1/4、1/6、1/8	相邻标度之间折中的标度
2、4、6、8	相邻标度之间折中的标度		

一、示例

调查 3 个指标 C_1、C_2、C_3 对光环境性能影响作用的重要程度。结果如附表 B.2 所示。

附录 B　室内购物街天然光环境性能影响因素权重专家调查问卷

附表 B.2　光环境性能评价影响作用重要程度比较

	C_1	C_2	C_3
C_1	1	4	1/3
C_2	—	1	1/7
C_3	—	—	1

结果表明：C_1 与 C_2 比较，标度为 4，根据附表 B.1，代表 C_1 比 C_2 的重要性处于稍微重要和明显重要之间；C_1 与 C_3 比较，标度为 1/3，根据附表 B.1，代表 C_3 稍微重要；C_2 与 C_3 比较，标度为 1/7，根据附表 B.1，代表 C_3 强烈重要。

二、评价指标两两比较矩阵调查

请专家对以下两两指标比较重要程度，并填写在附表 B.3 至附表 B.7 空白处。

附表 B.3　针对室内购物街天然光环境性能评价的重要性

	采光口设计形式	光环境分布特征	天然光节能效果	其它空间环境要素
采光口设计形式	1			
光环境分布特征	—	1		
天然光节能效果	—	—	1	
其他空间环境要素	—	—	—	1

附表 B.4　采光口设计形式对室内购物街天然光环境性能评价的重要性

	采光口设计感	采光口面积	采光方式	采光口边缘过渡设计
采光口设计感	1			
采光口面积	—	1		

续表

	采光口设计感	采光口面积	采光方式	采光口边缘过渡设计
采光方式	—	—	1	
采光口边缘过渡设计	—	—	—	1

附表 B.5　光环境分布特征对室内购物街天然光环境性能评价的重要性

	有效采光范围	光线分布水平	天然光线的均匀性	天然光线的柔和性
有效采光范围	1			
光线分布水平	—	1		
天然光线的均匀性	—	—	1	
天然光线的柔和性	—	—	—	1

附表 B.6　天然光节能效果对室内购物街天然光环境性能评价的重要程度

	基于天然光的人工照明配置设计	光导照明系统应用
基于天然光的人工照明配置设计	1	
光导照明系统应用	—	1

附表 B.7　其他空间环境要素的满意度对室内购物街天然光环境性能评价的重要性

	空间形态	室内装饰	声环境	热环境
空间形态	1			
室内装饰	—	1		
声环境	—	—	1	
热环境	—	—	—	1

附录 C 典型采光空间建模代码

1. 顶部采光空间

Private Sub RunScript(ByVal Sample As List(Of Double),ByRef Wall As Object,ByRef Floor As Object,ByRef CutFloor As Object,ByRef Ceiling As Object,ByRef CutCeiling As Object,ByRef Top As Object, ByRef Ground As Object,ByRef CutGround As Object)

```
Dim JZ_l,JZ_w,JZ_h,ZT_l,ZT_w,ZL_w,CG As Double
Dim LC As Integer
ZT_l = Sample(0) * Sample(1)   '中庭长
ZT_w = Sample(0)               '中庭宽
JZ_l = ZT_l + 100              '建筑长
JZ_w = ZT_w + 100              '建筑宽
JZ_h = int(Sample(2)) * Sample(4) '建筑高
ZL_w = Sample(3)               '走廊宽
LC = int(Sample(2))            '楼层数
CG = Sample(4)
Dim i As Integer

Dim iwalls As New list(Of Rectangle3d)   '建筑墙面
'添加西墙
iwalls.add(New rectangle3d(New Plane(New point3d(- JZ_
```

1 / 2,0,0),New vector3d(1,0,0)),New point3d(- JZ_l / 2,- JZ_w / 2,0),New point3d(- JZ_l / 2,JZ_w / 2,JZ_h)))

'添加东墙

iwalls.add(New rectangle3d(New Plane(New point3d(JZ_l / 2,0,0),New vector3d(1,0,0)),New point3d(- JZ_l / 2,- JZ_w / 2,0),New point3d(- JZ_l / 2,JZ_w / 2,JZ_h)))

'添加南墙

iwalls.add(New rectangle3d(New Plane(New point3d(0,- JZ_w / 2,0),New vector3d(0,1,0)),New point3d(- JZ_l / 2,- JZ_w / 2,0),New point3d(JZ_l / 2,JZ_w / 2,JZ_h)))

'添加北墙

iwalls.add(New rectangle3d(New Plane(New point3d(0,JZ_w / 2,0),New vector3d(0,1,0)),New point3d(- JZ_l / 2,- JZ_w / 2,0),New point3d(JZ_l / 2,JZ_w / 2,JZ_h)))

'添加中庭楼板的边缘

For i = 1 To LC

iwalls.add(New rectangle3d(New Plane(New point3d(- ZT_l / 2,0,0),New vector3d(1,0,0)),New point3d(- ZT_l / 2,- ZT_w / 2,(i * CG) - 0.2),New point3d(- ZT_l / 2,ZT_w / 2,(i * CG))))

iwalls.add(New rectangle3d(New Plane(New point3d(ZT_l / 2,0,0),New vector3d(1,0,0)),New point3d(- ZT_l / 2,- ZT_w / 2,(i * CG) - 0.2),New point3d(- ZT_l / 2,ZT_w / 2,(i * CG))))

iwalls.add(New rectangle3d(New Plane(New point3d(0,- ZT_w / 2,0),New vector3d(0,1,0)),New point3d(- ZT_l / 2,- ZT_w / 2,(i * CG) - 0.2),New point3d(ZT_l / 2,ZT_w / 2,(i * CG))))

附录 C 典型采光空间建模代码

```
      iwalls.add(New rectangle3d(New Plane(New point3d(0,
ZT_w / 2,0),New vector3d(0,1,0)),New point3d(- ZT_l / 2,- ZT_w /
2,(i * CG) - 0.2),New point3d(ZT_l / 2,ZT_w / 2,(i * CG))))
    Next i


    '建筑楼面
    Dim ifloors As New list(Of Rectangle3d)
    For i = 0 To LC
      ifloors.add(New rectangle3d(New Plane(New point3d(0,
0,i * CG),New vector3d(0,0,1)),New point3d(- JZ_l / 2,- JZ_w /
2,0),New point3d(JZ_l / 2,JZ_w / 2,0)))
    Next i


    '建筑楼面挖洞
    Dim jfloors As New list(Of Rectangle3d)
    For i = 1 To LC
      jfloors.add(New rectangle3d(New Plane(New point3d(0,
0,i * CG),New vector3d(0,0,1)),New point3d(- ZT_l / 2,- ZT_w /
2,0),New point3d(ZT_l / 2,ZT_w / 2,0)))
    Next i


    '建筑天花板
    Dim iceiling As New list(Of Rectangle3d)
    For i = 1 To LC
      iceiling.add(New rectangle3d(New Plane(New point3d
(0,0,(i * CG) - 0.2),New vector3d(0,0,1)),New point3d(- JZ_l /
```

2,- JZ_w / 2,0),New point3d(JZ_l / 2,JZ_w / 2,0)))

    Next i

    '建筑天花板挖洞

    Dim jceiling As New list(Of Rectangle3d)

    For i = 1 To LC

        jceiling.add(New rectangle3d(New Plane(New point3d(0,0,(i * CG) - 0.2),New vector3d(0,0,1)),New point3d(- ZT_l / 2,- ZT_w / 2,0),New point3d(ZT_l / 2,ZT_w / 2,0)))

    Next i

    '中庭顶部玻璃

    Dim itop As New Rectangle3d(New Plane(New point3d(0,0,JZ_h),New vector3d(0,0,1)),New point3d(- ZT_l / 2,- ZT_w / 2,0),New point3d(ZT_l / 2,ZT_w / 2,0))

    '室外地面

    Dim iground As New Rectangle3d(New Plane(New point3d(0,0,0),New vector3d(0,0,1)),New point3d(- JZ_l * 2,- JZ_w * 2,0),New point3d(JZ_l * 2,JZ_w * 2,0))

    Dim jground As New Rectangle3d(New Plane(New point3d(0,0,0),New vector3d(0,0,1)),New point3d(- JZ_l / 2,- JZ_w / 2,0),New point3d(JZ_l / 2,JZ_w / 2,0))

    '中心点计算网格

    'Dim imid As New list(Of Rectangle3d)

    'For i = 0 To LC - 1

    ' imid.add(New Rectangle3d(New Plane(New point3d(0,0,

附录 C 典型采光空间建模代码

(i * CG) + 0.75),New vector3d(0,0,1)),New point3d(- 0.25,- 0.25,0),New point3d(0.25,0.25,0)))

```
'Next
Wall = iwalls
Floor = ifloors
CutFloor = jfloors
Ceiling = iceiling
CutCeiling = jceiling
Top = itop
Ground = iground
CutGround = jground
'Simu_Mid = imid
End Sub
```

2. 单侧采光空间

Private Sub RunScript(ByVal Sample As List(Of Double),ByRef Wall As Object, ByRef Floor1 As Object, ByRef Floor As Object, ByRef CutFloor As Object,ByRef Ceiling1 As Object,ByRef Ceiling As Object, ByRef CutCeiling As Object, ByRef Top As Object, ByRef Ground As Object,ByRef CutGround As Object)

```
Dim JZ_ln,JZ_ls,JZ_w,JZ_h,ZT_l,ZT_w,ZL_w,CG As Double
Dim LC As Integer
ZT_l = Sample(0) * Sample(1)   '中庭长
ZT_w = Sample(0)               '中庭宽
JZ_ln = ZT_l / 2 + 50          '北建筑长
JZ_ls = ZT_l / 2               '南建筑长
```

```
JZ_w = ZT_w + 100          '建筑宽
JZ_h = int(Sample(2)) * Sample(4) '建筑高
ZL_w = Sample(3)           '走廊宽
LC = int(Sample(2))        '楼层数
CG = Sample(4)
Dim i As Integer


'建筑墙面
Dim iwalls As New list(Of Rectangle3d)
'添加西墙
iwalls.add(New rectangle3d(New Plane(New point3d(- JZ_w / 2,0,0),New vector3d(1,0,0)),New point3d(0,JZ_ln,0),New point3d(0,- JZ_ls,JZ_h)))
'添加东墙
iwalls.add(New rectangle3d(New Plane(New point3d(JZ_w / 2,0,0),New vector3d(1,0,0)),New point3d(0,JZ_ln,0),New point3d(0,- JZ_ls,JZ_h)))
'添加北墙
iwalls.add(New rectangle3d(New Plane(New point3d(0,JZ_ln,0),New vector3d(0,1,0)),New point3d(- JZ_w / 2,0,0),New point3d(JZ_w / 2,0,JZ_h)))
'添加南墙
iwalls.add(New rectangle3d(New Plane(New point3d(0,- JZ_ls,0),New vector3d(0,1,0)),New point3d(- JZ_w / 2,0,0),New point3d(- ZT_w / 2,0,JZ_h)))
```

附录 C 典型采光空间建模代码

```
        iwalls.add(New rectangle3d(New Plane(New point3d(0,-
JZ_ls,0),New vector3d(0,1,0)),New point3d(JZ_w / 2,0,0),New
point3d(ZT_w / 2,0,JZ_h)))

        '添加中庭楼板的边缘
        If LC > 1 Then
            For i = 1 To LC - 1
                iwalls.add(New rectangle3d(New Plane(New point3d
(- ZT_w / 2,0,0),New vector3d(1,0,0)),New point3d(0,- ZT_l / 2,
(i * CG) - 0.2),New point3d(0,ZT_l / 2,(i * CG))))
                iwalls.add(New rectangle3d(New Plane(New point3d
(ZT_w / 2,0,0),New vector3d(1,0,0)),New point3d(0,- ZT_l / 2,(i
* CG) - 0.2),New point3d(0,ZT_l / 2,(i * CG))))
                iwalls.add(New rectangle3d(New Plane(New point3d
(0,ZT_l / 2,0),New vector3d(0,1,0)),New point3d(- ZT_w / 2,0,(i
* CG) - 0.2),New point3d(ZT_w / 2,0,(i * CG))))
            Next i
        End If

        '建筑楼面
        Dim ifloors As New list(Of Rectangle3d)
        For i = 0 To LC
            ifloors.add(New rectangle3d(New Plane(New point3d(0,
0,i * CG),New vector3d(0,0,1)),New point3d(- JZ_w / 2,- JZ_ls,
0),New point3d(JZ_w / 2,JZ_ln,0)))
        Next i
```

'建筑楼面挖洞

Dim jfloors As New list(Of Rectangle3d)

If LC > 1 Then

  For i = 1 To LC - 1

    jfloors.add(New rectangle3d(New Plane(New point3d(0,0,i * CG),New vector3d(0,0,1)),New point3d(- ZT_w / 2,- ZT_l / 2,0),New point3d(ZT_w / 2,ZT_l / 2,0)))

  Next i

End If

'建筑天花板

Dim iceiling As New list(Of Rectangle3d)

For i = 1 To LC

  iceiling.add(New rectangle3d(New Plane(New point3d(0,0,(i * CG) - 0.2),New vector3d(0,0,1)),New point3d(- JZ_w / 2,- JZ_ls,0),New point3d(JZ_w / 2,JZ_ln,0)))

Next i

'建筑天花板挖洞

Dim jceiling As New list(Of Rectangle3d)

If LC > 1 Then

  For i = 1 To LC - 1

    jceiling.add(New rectangle3d(New Plane(New point3d(0,0,(i * CG) - 0.2),New vector3d(0,0,1)),New point3d(- ZT_w / 2,- ZT_l / 2,0),New point3d(ZT_w / 2,ZT_l / 2,0)))

```
        Next i
    End If


    '中庭玻璃
    'Dim itop As New list(Of Rectangle3d)
    '中庭顶部玻璃
        'itop.add(New Rectangle3d(New Plane(New point3d(0,0,JZ
_h),New vector3d(0,0,1)),New point3d(- ZT_w / 2,- ZT_l / 2,0),
New point3d(ZT_w / 2,ZT_l / 2,0)))
    '中庭侧面玻璃
        Dim itop As New rectangle3d(New Plane(New point3d(0,-
JZ_ls,0),New vector3d(0,1,0)),New point3d(- ZT_w / 2,0,0),New
point3d(ZT_w / 2,0,JZ_h - 0.2))
    '添加单独侧面玻璃时,玻璃上面部分的墙面
        iwalls.add(New rectangle3d(New Plane(New point3d(0,-
JZ_ls,0),New vector3d(0,1,0)),New point3d(- ZT_w / 2,0,JZ_h -
0.2),New point3d(ZT_w / 2,0,JZ_h)))


    '室外地面
        Dim iground As New Rectangle3d(New Plane(New point3d(0,
0,0),New vector3d(0,0,1)),New point3d(- JZ_w * 2,- (JZ_ls + JZ
_ln) * 2,0),New point3d(JZ_w * 2,JZ_ln,0))
        Dim jground As New Rectangle3d(New Plane(New point3d(0,
0,0),New vector3d(0,0,1)),New point3d(- JZ_w / 2,- JZ_ls,0),New
point3d(JZ_w / 2,JZ_ln,0))
        Wall = iwalls
```

```
        Top = itop
        Ground = iground
        CutGround = jground
        'Simu_Mid = imid

        If LC = 1 Then
          Floor1 = ifloors
          Ceiling1 = iceiling
        Else
          Floor = ifloors
          CutFloor = jfloors
          Ceiling = iceiling
          CutCeiling = jceiling
        End If

    End Sub
```

3. 混合采光空间

```
    Private Sub RunScript(ByVal Sample As List(Of Double),ByRef Wall As Object,ByRef Floor As Object,ByRef CutFloor As Object,ByRef Ceiling As Object,ByRef CutCeiling As Object,ByRef Top As Object,ByRef Ground As Object,ByRef CutGround As Object)
        Dim JZ_ln,JZ_ls,JZ_w,JZ_h,ZT_l,ZT_w,ZL_w,CG As Double
        Dim LC As Integer
        ZT_l = Sample(0) * Sample(1)      '中庭长
        ZT_w = Sample(0)                  '中庭宽
        JZ_ln = ZT_l / 2 + 50             '北建筑长
```

附录 C　典型采光空间建模代码

```
JZ_ls = ZT_l / 2                    '南建筑长
JZ_w = ZT_w + 100                   '建筑宽
JZ_h = int(Sample(2)) * Sample(4)   '建筑高
ZL_w = Sample(3)                    '走廊宽
LC = int(Sample(2))                 '楼层数
CG = Sample(4)
Dim i As Integer


'建筑墙面
Dim iwalls As New list(Of Rectangle3d)
'添加西墙
iwalls.add(New rectangle3d(New Plane(New point3d(- JZ_w / 2,0,0),New vector3d(1,0,0)),New point3d(0,JZ_ln,0),New point3d(0,- JZ_ls,JZ_h)))
'添加东墙
iwalls.add(New rectangle3d(New Plane(New point3d(JZ_w / 2,0,0),New vector3d(1,0,0)),New point3d(0,JZ_ln,0),New point3d(0,- JZ_ls,JZ_h)))
'添加北墙
iwalls.add(New rectangle3d(New Plane(New point3d(0,JZ_ln,0),New vector3d(0,1,0)),New point3d(- JZ_w / 2,0,0),New point3d(JZ_w / 2,0,JZ_h)))
'添加南墙
iwalls.add(New rectangle3d(New Plane(New point3d(0,- JZ_ls,0),New vector3d(0,1,0)),New point3d(- JZ_w / 2,0,0),New point3d(- ZT_w / 2,0,JZ_h)))
```

```
iwalls.add(New rectangle3d(New Plane(New point3d(0,-
JZ_ls,0),New vector3d(0,1,0)),New point3d(JZ_w / 2,0,0),New
point3d(ZT_w / 2,0,JZ_h)))
```

'添加中庭楼板的边缘

```
For i = 1 To LC
    iwalls.add(New rectangle3d(New Plane(New point3d(-
ZT_w / 2,0,0),New vector3d(1,0,0)),New point3d(0,- ZT_l / 2,(i
* CG) - 0.2),New point3d(0,ZT_l / 2,(i * CG))))
    iwalls.add(New rectangle3d(New Plane(New point3d(ZT_
w / 2,0,0),New vector3d(1,0,0)),New point3d(0,- ZT_l / 2,(i *
CG) - 0.2),New point3d(0,ZT_l / 2,(i * CG))))
    iwalls.add(New rectangle3d(New Plane(New point3d(0,
ZT_l / 2,0),New vector3d(0,1,0)),New point3d(- ZT_w / 2,0,(i *
CG) - 0.2),New point3d(ZT_w / 2,0,(i * CG))))
Next i
```

'建筑楼面

```
Dim ifloors As New list(Of Rectangle3d)
For i = 0 To LC
    ifloors.add(New rectangle3d(New Plane(New point3d(0,
0,i * CG),New vector3d(0,0,1)),New point3d(- JZ_w / 2,- JZ_ls,
0),New point3d(JZ_w / 2,JZ_ln,0)))
Next i
```

'建筑楼面挖洞

附录 C　典型采光空间建模代码

```
Dim jfloors As New list(Of Rectangle3d)

For i = 1 To LC
    jfloors.add(New rectangle3d(New Plane(New point3d(0,0,i * CG),New vector3d(0,0,1)),New point3d(- ZT_w / 2,- ZT_l / 2,0),New point3d(ZT_w / 2,ZT_l / 2,0)))
Next i

'建筑天花板
Dim iceiling As New list(Of Rectangle3d)
For i = 1 To LC
    iceiling.add(New rectangle3d(New Plane(New point3d(0,0,(i * CG) - 0.2),New vector3d(0,0,1)),New point3d(- JZ_w / 2,- JZ_ls,0),New point3d(JZ_w / 2,JZ_ln,0)))
Next i

'建筑天花板挖洞
Dim jceiling As New list(Of Rectangle3d)

For i = 1 To LC
    jceiling.add(New rectangle3d(New Plane(New point3d(0,0,(i * CG) - 0.2),New vector3d(0,0,1)),New point3d(- ZT_w / 2,- ZT_l / 2,0),New point3d(ZT_w / 2,ZT_l /2,0)))
Next i

'中庭玻璃
Dim itop As New list(Of Rectangle3d)
'中庭顶部玻璃
```

```
        itop.add(New Rectangle3d(New Plane(New point3d(0,0,JZ_
h),New vector3d(0,0,1)),New point3d(- ZT_w / 2,- ZT_l / 2,0),New
point3d(ZT_w / 2,ZT_l / 2,0)))
        ' 中庭侧面玻璃
        itop.add(New rectangle3d(New Plane(New point3d(0,- JZ_
ls,0),New vector3d(0,1,0)),New point3d(- ZT_w / 2,0,0),New
point3d(ZT_w / 2,0,JZ_h)))


        ' 室外地面
        Dim iground As New Rectangle3d(New Plane(New point3d(0,
0,0),New vector3d(0,0,1)),New point3d(- JZ_w * 2,- (JZ_ls + JZ
_ln) * 2,0),New point3d(JZ_w * 2,JZ_ln,0))
        Dim jground As New Rectangle3d(New Plane(New point3d(0,
0,0),New vector3d(0,0,1)),New point3d(- JZ_w / 2,- JZ_ls,0),New
point3d(JZ_w / 2,JZ_ln,0))

        Wall = iwalls
        Top = itop
        Ground = iground
        CutGround = jground
        'Simu_Mid = imid

        Floor = ifloors
        CutFloor = jfloors
        Ceiling = iceiling
        CutCeiling = jceiling

    End Sub
```

附录 D　粒子群优化算法代码

```
clear
clc
w_range=[9,27];      % 参数 w 变化范围
lwrate_range=[1,3];    % 参数 l 变化范围
F_range=[1,9];   % 楼层数变化范围。进行取整处理,当为 9 时,降为 8。
ZLw_range=[4,10];   % 走廊宽范围
h_range=[5,6];     % 参数 h 变化范围
VarRange = [w_range;lwrate_range;F_range;ZLw_range;h_range];     % 参数变化范围(组成矩阵)
mv = 0.2*(VarRange(:,2)-VarRange(:,1));   % 最大速度取变化范围的 10%～20%
D= 5;                          % 待优化函数的维数,此例子中仅 x、y 两个自变量,故为 2
minmax= 1;        % 1求解适应度的最大值,0求解适应度的最小值
% PSOparams - PSO parameters
P(1)= 1;   % 显示代际更新,1时显示每一代的最优值,0时不显示
P(2)= 50;   % 迭代次数,一般都很大,如 2000
P(3)= 24; % 种群粒子数,默认 24,一般最小 20
P(4)= 2;   % 自我学习因子,默认为 2
```

P(5)= 2;   % 社会学习因子,默认为 2

P(6)= 0.9;   % 初始惯性权重,默认为 0.9

P(7)= 0.4;   % 最终惯性权重,默认为 0.4

P(8)= 35;   % 多少代之后惯性权重不再变化,默认为全部代数的四分之三左右位置

P(9)= 1e-25;   % minimum global error gradient,default = 1e-25

P(10)= 10;   % 历经多少代而最优解不变时退出运算,一般 150

P(11)= NaN;   % error goal,if NaN then unconstrained min or max,default= NaN

P(12) = 0; % which kind of PSO to use, 0 = Common PSO w/ intertia (default)

%   1,2 = Trelea types 1,2

%   3 = Clerc's Constricted PSO,Type 1"

P(13)= 0; % PSOseed,default= 0

%   = 0 for initial positions all random

%   = 1 for initial particles as user input

%   plotfcn - optional name of plotting function,default 'goplotpso',

%   make your own and put here

%

%   PSOseedValue - initial particle position,depends on P(13),must be

%   set if P(13) is 1 or 2,not used for P(13)= 0,needs to

%   be nXm where n<= ps,and m<= D

%   If n< ps and/or m< D then remaining values are

附录 D 粒子群优化算法代码

```
set random
    %       on Varrange
    pso_Trelea_vectorized('DIVA_Function1',D,mv,VarRange,minmax,P)   % 调用 PSO 核心模块
    % pso_Trelea_vectorized('DIVA_Function1',D,mv,VarRange)
    % 调用 PSO 核心模块
    % PSO(functname,D,mv,VarRange,minmax,PSOparams,plotfcn,PSOseedValue)
```

参 考 文 献

[1] Phillips D. Daylighting:natural light in architecture[M]. Amsterdam, Boston:Elsevier,2004.

[2] Phillips D. Lighting modern buildings[M]. Routledge,2013.

[3] Heschong L,Wright R L,Okura S. Daylighting impacts on retail sales performance[J]. J Illum Eng Soc,2002,31(2):21-25.

[4] 孙德龙.中庭空间认知调研与评价——以西单大悦城为例[J].华中建筑,2015(10):64-69.

[5] 牛力.中庭空间的认知——关于上海市24个商业建筑中庭的调研[J].城市建筑,2009(5):34-36.

[6] 黄锰,金虹.跨越藩篱——浙江大学建筑系馆绿色改造设计的教学与探讨[J].中国建筑教育,2011(1):51-55.

[7] 张昕.暗感知:多暗算暗——论照度标准的不适用性[J].世界建筑,2015(7):40-43.

[8] 张滨,李桂文,赵建平.住宅天然光环境视知觉感受的影响因素分析[J].华中建筑,2010,28(1):21-23.

[9] 陈菲菲.基于视觉舒适度评价的天然光环境优化设计研究——以重庆地区高层办公建筑为例[D].重庆:重庆大学,2013.

[10] 中南建筑设计院股份有限公司.商店建筑设计规范:JGJ 48—2014[S].北京:中国建筑工业出版社,2014.

[11] 中国建筑科学研究院.绿色商店建筑评价标准:GB/T 51100—2015

参考文献

[S].北京:中国建筑工业出版社,2015.

[12] 严永红.商业中庭采光及照明经济性研究(一)[J].照明工程学报,1999(3):50-55.

[13] 国家经贸委,UNDP,GEF 中国绿色照明工程项目办公室.绿色照明工程实施手册[M].北京:中国建筑工业出版社,2003.

[14] 彼得·特雷金扎,迈克尔·威尔逊.建筑采光和照明设计[M].胡素芳,译.北京:电子工业出版社,2014.

[15] 中国建筑科学研究院.绿色建筑评价标准:GB/T 50378—2014[S].北京:中国建筑工业出版社,2014.

[16] 赵巍,康健,金虹.影响物理环境的中庭构成要素研究[J].建筑技术,2017,48(7):779-782.

[17] 郭红霞.相关系数及其应用[J].武警工程大学学报,2010(2):3-5.

[18] 王红岩,许雅玺.基于层次分析法的机场服务质量评价[J].科技和产业,2015(6):64-67.

[19] 赵巍.既有村镇住宅性能评价体系研究[D].哈尔滨:哈尔滨工业大学,2010.

[20] 李登峰.模糊多目标多人决策与对策[M].北京:国防工业出版社,2003.

[21] 刘靖旭,谭跃进,蔡怀平.多属性决策中的线性组合赋权方法研究[J].国防科技大学学报,2005,27(4):121-124.

[22] 史冬岩,滕晓燕,钟宇光,等.现代设计理论和方法[M].北京:北京航空航天大学出版社,2016.

[23] 黄璐,段中兴.城市地铁光环境模糊综合评价方法研究[J].计算机工程与应用,2014,50(16):221-225.

[24] 孔令玉.以亮度为基础的天然采光评价指标研究[D].天津:天津大学,2012.

[25] 边宇,袁磊,冷天翔.动态采光指标分析与侧窗采光范围[J].哈尔滨工业大学学报,2017(10):172-176.

[26] 山如黛,席明明,严云波,等.基于参数化的天然采光评价指标的对比研究——以沈阳地区典型办公空间为例[J].建筑科学,2016,32(12):102-106.

[27] 张立超.基于动态采光评价的办公空间侧向采光研究[D].天津:天津大学,2014.

[28] Van Den Wymelenberg K, Inanici M, Johnson P. The effect of luminance distribution patterns on occupant preference in a daylit office environment[J]. Leukos,2010,7(2):103-122.

[29] Van Den Wymelenberg K, Inanici M. A critical investigation of common lighting design metrics for predicting human visual comfort in offices with daylight[J]. Leukos,2014,10(3):145-164.

[30] Van Den Wymelenberg K, Inanici M. Evaluating a new suite of luminance-based design metrics for predicting human visual comfort in offices with daylight[J]. Leukos,2015,12(3):113-138.

[31] Mahić A, Galicinao K, Van Den Wymelenberg K. A pilot daylighting field study: testing the usefulness of laboratory-derived luminance-based metrics for building design and control[J]. Bldg Environ,2017,113:78-91.

[32] 杨公侠.视觉与视觉环境[M].2版.上海:同济大学出版社,2002.

[33] 米歇尔·科罗迪,克劳斯·施佩希滕豪.自然光"照明":住宅中的自然光[M].北京:中国建筑工业出版社,2012.

[34] 中国建筑科学研究院.建筑采光设计标准:GB 50033—2013[S].北京:中国建筑工业出版社,2013.

[35] Barnaby J. Lighting for productivity gains[J]. Lighting Design +

Application,1980,10(2):20-28.

[36] Ware C. Information visualization: perception for design[M]. San Francisco,CA: Morgan Kaufman,2012.

[37] Cuttle C. Brightness, lightness, and providing 'a preconceived appearance to the interior'[J]. Light Res,2004,36(3):201-214.

[38] DiLaura D L, Houser K W, Mistrick R G, et al. The lighting handbook: reference and application[M]. New York: Illuminating Engineering Society of North America,2011.

[39] Reinhard E, Heidrich W, Debevec P, et al. High dynamic range imaging: acquisition, display, and image-based lighting[M]. United States: Morgan Kaufmann,2010.

[40] Tural E, Tural M. Luminance contrast analyses for low vision in a senior living facility: a proposal for an HDR image-based analysis tool[J]. Bldg Environ,2014,81:20-28.

[41] Cuttle C, Brandston H. Evaluation of retail lighting[J]. J Illum Eng Soc,1995,24(2):33-49.

[42] Boyce P, Hunter C, Howlett O. The benefits of daylight through windows[J]. Troy, New York: Rensselaer Polytechnic Institute,2003.

[43] 夏君天.基于慈宁宫项目的传统建筑光环境模拟研究[D].北京:清华大学,2011.

[44] Reinhart C F, Mardaljevic J, Rogers Z. Dynamic daylight performance metrics for sustainable building design[J]. Leukos,2006,3(1):7-31.

[45] Reinhart C F, Walkenhorst O. Validation of dynamic RADIANCE-based daylight simulations for a test office with external blinds[J]. Energ Bldg,2001,33(7):683-697.

[46] Reinhart C F, Weissman D A. The daylit area-correlating

[47] Sanati L. Subdivided windows with mixed shading devices: a daylighting solution for effective integration of occupants into the building environmental control[D]. Milwaukee, Wisconsin: The University of Wisconsin-Milwaukee, 2014.

architectural student assessments with current and emerging daylight availability metrics[J]. Bldg Environ, 2012, 50:155-164.

[48] Daylight metrics - PIER daylighting plus research program[R]. California Energy Commission, 2012.

[49] Reinhart C. Daylighting Handbook: fundamentals, designing with the sun[M]. New York, NY: Christoph Reinhart, 2014.

[50] 中国建筑科学研究院. 公共建筑节能设计标准: GB 50189—2015[S]. 北京: 中国建筑工业出版社, 2015.

[51] 夏春海. 建筑方案的天然采光性能分析方法[J]. 照明工程学报, 2012, 23(1):11-15.

[52] Cuttle C. Lighting by design[M]. United Kingdom: Routledge, 2008.

[53] Devlin K. A review of tone reproduction techniques[J]. Department of Computer Science University of Bristol, 2002.

[54] 刘卫华. 合成高动态图像有关技术综述分析[J]. 电子世界, 2014(4):178-179.

[55] 王嘉亮. 相机结合 HDR 图像技术在博物馆光环境分析中的应用与验证[J]. 照明工程学报, 2011, 22(5):68-73.

[56] Inanici M, Mehlika N. Utilization of image technology in virtual lighting laboratory[J]. Publications Commission Internationale De L'Eclairage CIE, 2003, 153:8-26.

[57] 王嘉亮. 高动态范围图像技术在建筑天然光设计中的应用[J]. 建筑学报, 2010(S2):37-39.

[58] 柳孝图.建筑物理（第二版）[M].北京:中国建筑工业出版社,2000.

[59] 中华人民共和国国家质量监督检验检疫总局,中国国家标准化管理委员会.照明测量方法 GB/T 5700—2008[S].北京:中国标准出版社,2008.

[60] Inanici M. Evaluation of high dynamic range photography as a luminance data acquisition system[J]. Light Res,2006,38(2):123-134.

[61] 王立雄,陈燕男,冯子龙.利用高动态范围图像技术测量道路亮度的方法探究[J].照明工程学报,2015(6):117-121.

[62] 颜廷叡.建筑光环境仿真方法与其应用-以苗栗山区住宅设计为例[D].台北:台湾科技大学,2015.

[63] Konis K,Lee E S. Measured daylighting potential of a static optical louver system under real sun and sky conditions[J]. Bldg Environ,2015,92:347-359.

[64] Wienold J,Christoffersen J. Evaluation methods and development of a new glare prediction model for daylight environments with the use of CCD cameras[J]. Energ Bldg,2006,38(7):743-757.

[65] Konis K. Predicting visual comfort in side-lit open-plan core zones: results of a field study pairing high dynamic range images with subjective responses[J]. Energ Bldg,2014,77:67-79.

[66] Kong Z,Utzinger M,Liu L. Solving glare problems in architecture through integration of HDR image technique and modeling with DIVA[C]//Proceedings of BS2015. 2015:1221—1228.

[67] Suk J Y,Schiler M,Kensek K. Absolute glare factor and relative glare factor based metric: predicting and quantifying levels of daylight glare in office space[J]. Energ Bldg,2016,130:8-19.

[68] Suk J Y, Schiler M, Kensek K. Investigation of existing discomfort glare indices using human subject study data[J]. Bldg Environ, 2017,113:121-130.

[69] Bodart M, Cauwerts C. Assessing daylight luminance values and daylight glare probability in scale models[J]. Bldg Environ, 2017, 113:210-219.

[70] Konstantzos I, Tzempelikos A, Chan Y-C. Experimental and simulation analysis of daylight glare probability in offices with dynamic window shades[J]. Bldg Environ,2015,87:244-254.

[71] Konstantzos I, Tzempelikos A. Daylight glare evaluation with the sun in the field of view through window shades[J]. Bldg Environ, 2017,113:65-77.

[72] Inanici M, Hashemloo A. An investigation of the daylighting simulation techniques and sky modeling practices for occupant centric evaluations[J]. Bldg Environ,2017,113:220-231.

[73] Jin H, Li X, Kang J, et al. An evaluation of the lighting environment in the public space of shopping centres[J]. Building and Environment,2017,115:228-235.

[74] 童亚丽,张扬文.关于对应分析中量纲问题的处理[J].大众科技,2005 (4):154-154.

[75] 马立平.统计数据标准化——无量纲化方法——现代统计分析方法的学与用(三)[J].数据,2000(3):34-35.

[76] 闫胖男.基于感知因素的 HDR 图像质量主观及客观测评方法研究[D].广州:华南理工大学,2014.

[77] 刘德智,王晔.统计学[M].北京:清华大学出版社,2007.

[78] 李子奈.高等计量经济学[M].北京:清华大学出版社,2000.

[79] 栾文英,张伟.统计学学习指导[M].北京:科学出版社,2016.

[80] 袁威.统计学原理[M].北京:清华大学出版社,2016.

[81] 张崇岐,李光辉.统计方法与实验[M].北京:高等教育出版社,2015.

[82] Bodmann H W,La Toison M H L. Predicted brightness-luminance phenomena[J]. International Journal of Lighting Research and Technology,1994,26(3):135-143.

[83] 王建国.光,空间与形式[J].建筑学报,2000,2:62.

[84] 刘昆明.全年动态模拟软件DAYSIM在天然采光设计中的适用性研究[D].南京:南京大学建筑与城市规划学院,2011.

[85] 吴蔚,刘坤鹏.全年动态天然采光模拟软件DAYSIM[J].照明工程学报,2012,23(3):30-34.

[86] 苟中华,刘少瑜,巴哈鲁丁.高层高密度居住环境中的自然采光系统——ANIDOLIC技术应用初探[J].建筑学报,2010(3):24-26.

[87] Jakubiec J A,Reinhart C F. DIVA 2.0:integrating daylight and thermal simulations using Rhinoceros 3D,Daysim and EnergyPlus [C]//Proceedings of Building Simulation. 2011:2202—2209.

[88] Yun G,Yoon K C,Kim K S. The influence of shading control strategies on the visual comfort and energy demand of office buildings[J]. Energ Bldg,2014,84:70-85.

[89] 赵秀芳.康巴艺术中心图书馆基于传统建筑光环境的照明设计方法[D].北京:清华大学,2013.

[90] 冯崇利,张昕,温留汉·黑沙.故宫博物院雕塑馆[J].世界建筑,2017(3):108-112.

[91] Karlen M,Benya J.建筑照明设计及案例分析[M].李铁楠,荣浩磊,译.北京:机械工业出版社,2005.

[92] 介婧,徐新黎.智能粒子群优化计算:控制方法、协同策略及优化应用

[M].北京:科学出版社,2016.

[93] 赵巍.商业建筑中庭声光环境优化设计研究[D].哈尔滨:哈尔滨工业大学,2016.

[94] 钱锋.粒子群算法及其工业应用[M].北京:科学出版社,2013.

[95] 崔长彩,李兵,张认成.粒子群优化算法[J].华侨大学学报(自然版),2006,27(4):343-347.

[96] Shi Y, Eberhart R. A modified particle swarm optimizer [M]. Springer Berlin Heidelberg,1998.

[97] 华南理工大学.城市居住区热环境设计标准:JGJ 286—2013[S].北京:中国建筑工业出版社,2013.

[98] 何荥,全利,陈彦君.重庆天然光总照度变化趋势 Mann-Kendall 分析[J].安全与环境学报,2013,13(5):90-94.

[99] 云朋.建筑光环境模拟[M].北京:中国建筑工业出版社,2010.

[100] Wienold J. https://www.radiance-online.org/learning/documentation/manual-pages/pdfs/evalglare.pdf/view [EB/OL]. [2016.6.15].

[101] 毕大强,彭子顺,郜客存,等.粒子群优化算法及其在电力电子控制中的应用[M].北京:科学出版社,2016.